Hermann Wohlgenannt

Der Mond

und seine Bedeutung in der Astronomie und im Volksglauben

Hermann Wohlgenannt

Der Mond

und seine Bedeutung in der Astronomie und im Volksglauben

Ein wissenschaftlicher und volkskundlicher Bericht mit abgeleiteten praktischen Ratschlägen

teutsch

Dritte Auflage 1991
Gesamtherstellung: J. N. Teutsch, Bregenz

Printed in Austria

ISBN 3-900252-09-2

Inhalt

I.

Erklärung astronomischer Begriffe zum Mond sowie der Mondzeichen

II.

Einfluß des Mondes auf irdische Ereignisse und Volksglauben

III.

Praktische Ratschläge zu den verschiedenen Mondstellungen

IV.

V.

I.

Erklärung astronomischer Begriffe zum Mond sowie der Mondzeichen

„Das schönste Glück des denkenden Menschen ist, das Erforschliche erforscht zu haben und das Unerforschliche ruhig zu verehren."

Johann Wolfgang von Goethe (1829)

Was bewirkt der Mond, wenn er „über sich" (◡) oder „unter sich" (⌒) geht? „Mist geht über List" sagt ein dem Mond wenig Glauben schenkender Mensch, und damit hat er wohl allemal recht. Denn nichts gedeiht im Garten ohne richtige Düngung. Der im Mondglauben Verwurzelte hingegen besteht darauf, daß zum Mist auch die List gehört, und bevor er etwas sät, steckt oder pflanzt, schaut er in den Kalender, ob auch der richtige Mond, das richtige Zeichen sei.

Der richtige Mond, auf den es bei uns im Lande Vorarlberg sowie im alemannischen Sprachraum ankommt, ist der „über sich" und der „unter sich" gehende, kurz auch der über- und untergehende. (Die heute sonst nicht mehr gebräuchlichen Wörter „über sich" und „unter sich", die man anscheinend nur im alemannischen Sprachraum findet, hatten vor einigen Jahrhunderten die Bedeutung von „nach oben, aufwärts" und „nach unten, abwärts"). In der Schweiz ist dies der „obsi" und „nidsi" gehende, andere wieder reden vom „aufsteigenden" und „absteigenden" Mond; in allen Fällen aber hat das nichts mit seinem täglichen Auf- und Untergang, sondern mit seinem allmonatlichen Weg durch die Gestirne zu tun.

1. Angaben über den Mond

mâno, althochdeutsch 'Mond'	mensis, lat., 'Monat'
Masse	$m_M = 7{,}35 \cdot 10^{22}$ kg (1,23 % der Erde) (= $^1/_{81}$ der Erdmasse)
mittlerer Radius	$R_M = 1738$ km (27 % des Erdradius)
Monddurchmesser, gerundet	$D_M = 3476$ km $= 3{,}476 \cdot 10^6$ m
Volumen	$V_M = 2{,}199 \cdot 10^{19} m^3$ (= 2,03 % des Erdvolumens)

Fallbeschleunigung	$g_M = 1{,}622\,ms^{-2}$ (= 16 % des Erdwertes)
mittlere Dichte	$\varrho_M = \frac{m}{V} = 3{,}342\,kgdm^{-3}$ (61 % der Erde) Dichte der Erdkruste = 3,1 $kgdm^{-3}$
Abstand von der Erde im Mittel	384.403 km = $3{,}84403 \cdot 10^8$ m
Abstand im Perigäum	ca. 364.000 km
Minimalabstand im Perigäum	356.410 km = $3{,}5641 \cdot 10^8$ m
Abstand im Apogäum	ca. 405.000 km
Maximalabstand im Apogäum	406.740 km = $4{,}0674 \cdot 10^8$ m
mittlere Bahngeschwindigkeit (bezogen auf die ruhende Erde)	$1022\,ms^{-1} = 1{,}022\,kms^{-1}$ = 3680 km/h
Bahngeschwindigkeit im Apogäum	$960\,ms^{-1} = 0{,}96\,kms^{-1}$ = 3456 km/h
Bahngeschwindigkeit im Perigäum	$1110\,ms^{-1} = 1{,}11\,kms^{-1}$ = 4000 km/h
Neigung der Mondbahnebene gegen die Ekliptik	5,14° (5°9')
Neigung der Mondäquatorebene zur Bahnebene	1,32°
Zeit zwischen zwei Vollmondphasen (= eine Lunation, d. h. ein vollständiger Phasenzyklus; synodischer Monat)	29d, 12h, 44min, 2,8s
Umlaufzeit um die Erde (= siderische Umlaufzeit; siderischer Monat)	27d, 7h, 43min, 11,5s
Fluchtgeschwindigkeit des Mondes (bei Neumond)	2,440 $km\,s^{-1}$
Fluchtgeschwindigkeit des Mondes (bei Vollmond)	2,204 $km\,s^{-1}$
Mondumlauf um die Erde (siderische Periode)	ca. $2{,}5.\,10^6$km
Bildung der ersten Erstarrungskruste des Mondes	vor ca. $4{,}6 \cdot 10^9$ Jahren (= 4,6 Mrd. Jahre)
Länge des Mondschattens	371.200 km
mittlere Oberflächentemperatur (Tagseite)	+ 100°C (373 K)
maximale Temperaturwerte (Mondtag)	+ 130°C (403 K)
mittlere Oberflächentemperatur (Nachtseite)	— 150°C (123 K)
minimale Temperaturwerte (Mondnacht)	— 200°C (73 K)
größte Höhe der Mondberge	11.350 m

Helligkeit des Vollmondes:
Intensitätsverhältnis von Vollmond: Sonne = 1 : 468.000 (!)

☉ Sonne ☾ Mond ♁ Erde

☊ aufsteigender Knoten

☋ absteigender Knoten

● Neumond

☽ Erstes Viertel (zunehmender Mond; *z*)

○ Vollmond

☾ Letztes Viertel (abnehmender Mond; *a*)

◡ Mond geht über sich
= südliche Mondwende
(= größte südliche Abweichung
vom Himmelsäquator
= größte südliche Deklination des Mondes)

◠ Mond geht unter sich
= nördliche Mondwende
(= größte nördliche Abweichung
vom Himmelsäquator
= größte nördliche Deklination des Mondes)

☊ Mond im aufsteigenden Knoten = Übergang des Mondes von der Südseite zur Nordseite der Ekliptik (= scheinbare Sonnenbahn).

☋ Mond im absteigenden Knoten = Übergang des Mondes von der Nordseite zur Südseite der Ekliptik (= scheinbare Sonnenbahn).

Tierkreiszeichen:
Frühling (Widder — Stier — Zwillinge)
Sommer (Krebs — Löwe — Jungfrau)
Herbst (Waage — Skorpion — Schütze)
Winter (Steinbock — Wassermann — Fische)

Tierkreiszeichen im übergehenden Mond (Mond geht über sich):
◡ Südwende → Steinbock, Wassermann, Fische,
Widder, Stier, Zwillinge → Nordwende ◠

Tierkreiszeichen im untergehenden Mond (Mond geht unter sich):
◠ Nordwende → Krebs, Löwe, Jungfrau,
Waage, Skorpion, Schütze → Südwende ◡

2. Mondphasen

Für die vier Hauptphasen des Mondes ergeben sich folgende Erklärungen:

a) Neumond (🌑): Der Mond befindet sich in Konjunktion mit der Sonne oder im besten Sinne des Wortes im Gleichschein mit ihr. Bei Neumond ist der Erdtrabant unsichtbar; seine dunkle Nachtseite ist der Erde zugekehrt. 2—3 Tage danach taucht abends im Westen eine zunehmende Sichel auf. Pro Tag verspätet sich der Auf- und Untergang des Mondes um durchschnittlich 50 Minuten.

b) Erstes Viertel (☽): Der Mond befindet sich definitionsgemäß in östlicher Quadratur. Die östliche Quadratur befindet sich von der Sonne aus betrachtet rechts der Erde. Etwa sieben Tage nach Neumond ist das 1. Viertel (zunehmender Halbmond) erreicht; der Mond steht im Durchschnitt bei Sonnenuntergang im Süden und geht um Mitternacht unter.

c) Vollmond (🌕): Der Mond befindet sich in Opposition zur Sonne, oder im besten Sinne des Wortes im Gegenschein zu ihr. Der Vollmond tritt 14—15 Tage nach Neumond auf und bleibt die ganze Nacht über sichtbar.

d) Letztes Viertel (☾): Der Mond befindet sich definitionsgemäß in westlicher Quadratur. Die westliche Quadratur befindet sich von der Sonne aus betrachtet links der Erde. Das letzte Viertel tritt bei einem Mondalter von 22 Tagen auf (abnehmender Halbmond); der Mond geht im Mittel um Mitternacht auf und steht bei Sonnenaufgang im Süden. Zuletzt steht die abnehmende Sichel in der östlichen Morgendämmerung 2—3 Tage vor Neumond. Danach bleibt der Mond für 4—5 Tage unsichtbar.

Die Entstehung der Mondphasen (Lichtgestalten des Mondes):

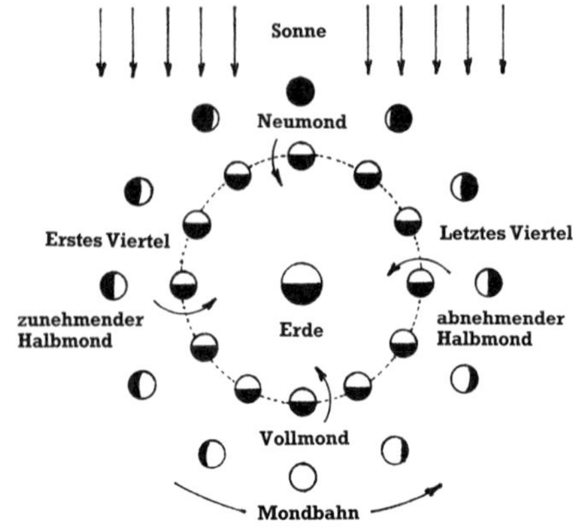

Mondphasen des äußeren Kreises:
so sieht man den Mond von der Erde aus.

Ekliptiklängen der Mondphasen:

Die Ekliptikorte der Mondphasen richten sich nach dem Ekliptikort der Sonne. Für den Beginn der vier Jahreszeiten, für Frühling, Sommer, Herbst und Winter, sind in den Einzelzeichnungen der nachstehenden Skizze Sonne und Mondphase in die Ekliptiklängen 90, 180, 270 und 360 oder 0 Grad eingetragen. Da die Sonne zugleich den Ort des Neumondes bezeichnet, ergeben sich die Orte der übrigen Mondphasen von selbst.

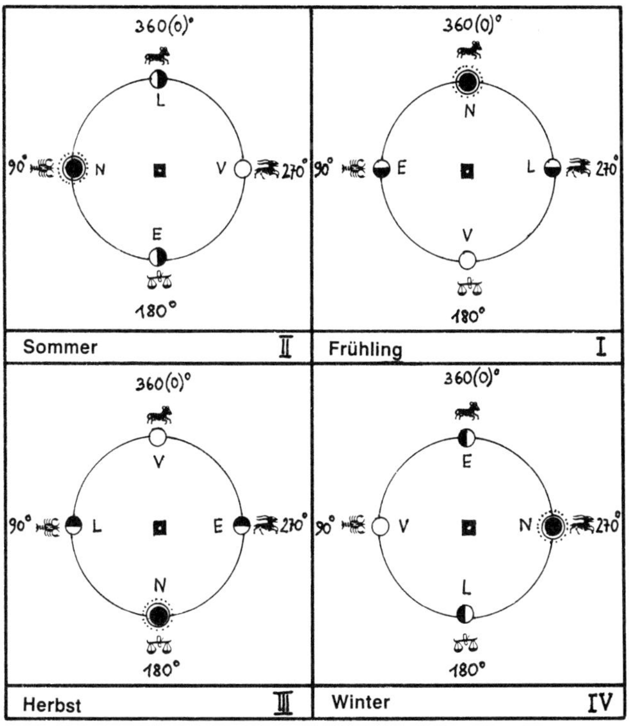

Mondphasen in den vier Jahreszeiten. Weißer Punkt im schwarzen Quadrat = Beobachter. 0 (360), 90, 180, 270 = Ekliptiklängen.
E = Erstes Viertel, V = Vollmond, L = Letztes Viertel.
N = Neumond (mit der umpunkteten Sonne zusammenfallend).
Die vier Einzelbilder sind in der Richtungsfolge I, II, III, IV zu betrachten.
Die astronomischen Symbole bei den entsprechenden Ekliptiklängen bedeuten:

0 (360)	**Widder**	**= Frühlingspunkt**
90	**Krebs**	**= Sommerpunkt**
180	**Waage**	**= Herbstpunkt**
270	**Steinbock**	**= Winterpunkt**

Die Mondsichel ist für uns (für unsere Gegend) zunehmend, wenn aus ihrer Rundung ein geschriebenes großes deutsches Z (𝔷) gemacht werden kann, und abnehmend, wenn sich ein deutsches a (𝔞) machen läßt.

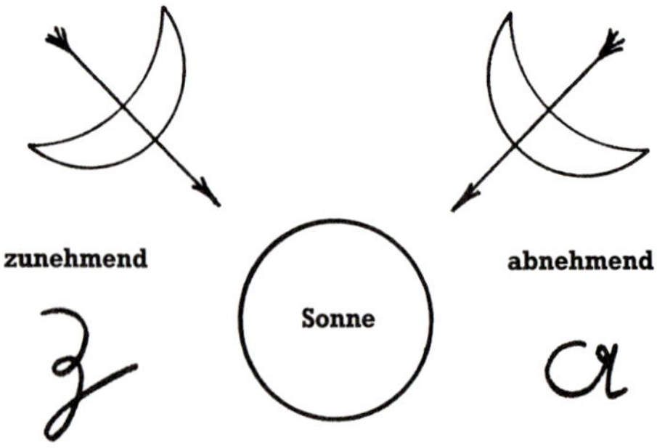

Die zunehmende Sichel steht links oberhalb der Sonne am Westhimmel, die abnehmende rechts oberhalb am Osthimmel. Stellt man sich die Sonne als Zielscheibe vor, dann kann die Sichel „gespannter Bogen" sein und ist als solcher immer „richtig gezeichnet", mit der erhabenen Rundung gegen die Sonne gekehrt.

Der volle Mond geht auf, wenn die Sonne untergeht und geht bei Sonnenaufgang unter. Daß dies nicht immer genau stimmt, ist auf die jeweilige Deklination (Winkel zwischen Äquatorebene und Gestirn, z.B. Sonne, Mond) zurückzuführen.

3. Kolursphäre — Ekliptik

Jene Sphäre, die sich mit dem Sternenhimmel täglich (genau in 23 h 56 min; das ist ein „Sterntag") um die Himmelsachse (Rotationsachse der Erde) dreht, wird „Kolursphäre" genannt.

Die Sterne sind also — die äußerst langsame „Präzessionsbewegung" ausgenommen — fix an der Kolursphäre „befestigt". Die Sonne bewegt sich dagegen im Laufe eines Jahres auf einer Kreisbahn einmal um diese Kolursphäre. Diese Jahresbahn der Sonne in bezug auf die Kolursphäre wird „Ekliptik" (als Kreis) oder „Tierkreislinie" genannt. Mit anderen Worten: Die Jahresbahn der Sonne in bezug auf den rotierenden Sternenhimmel (Kolursphäre), also den zunächst durch den Frühlingspunkt (FP) gelegten Kreis, nennen wir außer Tierkreislinie auch Ekliptik. Die Sterne und Sterngruppierungen (Sternbilder) wandern auf Kreisbahnen parallel zur Ekliptik innerhalb von 25.800 Jahren (= ein „Platonisches Jahr") einmal um die Kolursphäre („Präzessionsbewegung der Sterne").

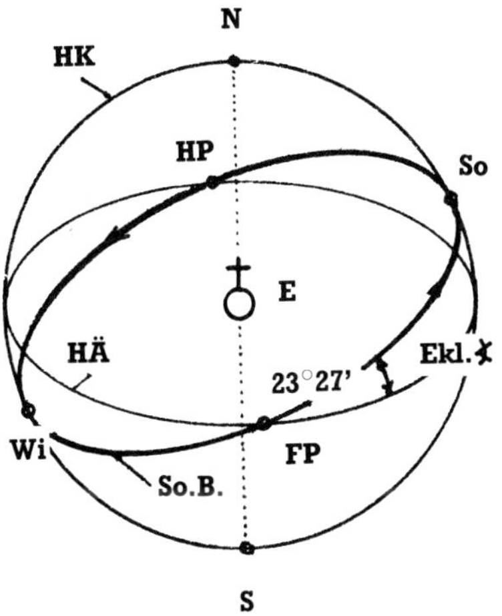

N	**Norden (Himmelspol)**
S	**Süden (Gegenpol)**
E	**Erde**
So.B.	**Sonnenbahn (Ekliptik)**
HÄ	**Himmelsäquator**
FP	**Frühlingspunkt**
So	**Sommer**
HP	**Herbstpunkt**
Wi	**Winter**
HK	**Himmelskugel**

Die Astronomen sehen das gesamte kosmische Geschehen von der Erde aus, daher wird die Erde in den Mittelpunkt der Himmelskugel gestellt. Natürlich kann auch die Sonne in den Mittelpunkt gestellt werden. — Himmelskugel: eine um die Erde gedachte unendlich große Kugel, auf welche alle Himmelskörper (z. B. Sterne, Sonne, Mond, Planeten . . .) von der Erde aus radial projiziert werden (Zentralprojektion).

4. Tierkreisbilder (Sternbilder) und Tierkreiszeichen (Sternzeichen)

Tierkreis (grch.: Zodiakus): Etwa 20 Grad breite Zone um die Himmelskugel, innerhalb der die Bewegungen von Sonne, Mond und Planeten vor sich gehen. Die scheinbare Sonnenbahn (Ekliptik) bildet die Mittellinie des Tierkreises; sie ist der Weg, den die Sonne auf ihrem Jahreslauf am Himmel unter den Sternen zurücklegt. Sie führt durch die Sternbilder Widder, Stier, Zwillinge, Krebs, Löwe, Jungfrau, Waage, Skorpion, Schütze, Steinbock, Wassermann und Fische. Weil unter diesen zwölf Bezeichnungen siebenmal die Namen von Tieren vorkommen, nennt man diese die Tierkreissternbilder.

Sonne und Sternbilder (Tierkreisbilder):

Jeden Monat sehen wir nach Sonnenuntergang am Abendhimmel andere Sterne; diese Erscheinung beruht auf der Ekliptik. Die Ekliptik wird gewöhnlich in 360 Grad eingeteilt, d. h. alle 30 Grad auf dieser Sonnenbahn gelangen wir in ein neues Sternbild. Zwölf Zeichen der Ekliptik (diese Zeichen haben Namen nach den ihnen benachbarten Sternbildern des Tierkreises) zu je 30 Grad entsprechen 360 Grad.

Tierkreiszeichen (Sternzeichen): Sind fix mit der Kolursphäre verbunden; namentlich sind sie identisch mit den →

Tierkreisbilder (Sternbilder): Diese wandern, bedingt durch die Präzessionsbewegung der Sterne, sehr langsam von den Tierkreiszeichen weg; sie überdecken sich dann nicht mehr mit ihnen.

Tierkreiszeichen (Sternzeichen) und Tierkreisbilder (Sternbilder) sind aber streng auseinanderzuhalten. Sie haben zwar gleiche Namen, doch bedeutet z. B. das „Sternbild der Zwillinge" die Gesamtheit soundso vieler Sterne, das „Sternzeichen der Zwillinge" jedoch ein Stück der Ekliptik (60°—90°), welche mit der Kolursphäre fix verbunden ist. Das „Sternzeichen der Zwillinge" hat also mit den entsprechenden Sternen nichts zu tun. Dem Anfangspunkt eines jeden Sternzeichens gibt man ein bestimmtes Symbol, dessen Gestalt an das benachbarte Sternbild erinnern soll. Die Beginne des Widder-, Krebs-, Waage- und Steinbockzeichens decken sich entsprechend mit dem Frühlings-, Sommer-, Herbst- und Winterpunkt.

Da man einst besondere geometrische Punkte der Kolursphäre nach den dort befindlichen Sternbildern benannte, diese sich jedoch sehr langsam in der Kolursphäre um die Ekliptikachse kreisend bewegen, entfernen sich also die Sternbilder von den Sternzeichen. Vor rund 2000 Jahren, zur Zeit des Ptolemaios, deckten sich die bestimmte Figuren bildenden 12 Sternbilder des Tierkreises mit den gleichnamigen Zeichen. Erst die „Präzessionserscheinung" hat allmählich die Trennung von Sternbildern und Sternzeichen bewirkt.

Z.B.: Der Frühlingspunkt (Widder) ist jener Schnittpunkt der Ekliptik mit dem Himmelsäquator, durch den sich die Sonne im Frühling bewegt (Tag-Nacht-Gleiche). Dieser Frühlingspunkt wird jetzt noch als Widder bezeichnet, obwohl sich das Sternbild „Widder" vom Tierkreiszeichen „Widder" etwas wegbewegt hat. Die Aussagen der Astrologie können unter anderem deswegen in Frage gestellt werden, weil sie nach den Tierkreiszeichen orientiert sind, diese sich jedoch mit den Sternbildern nicht mehr decken. So ist es möglich, daß ein im Tierkreiszeichen „Wassermann" geborener Mensch in Wirklichkeit schon in ein benachbartes Sternbild fällt, nämlich in das Sternbild des Steinbocks.

Wie die Sonne und die Planeten wandert auch der Mond durch die zwölf Sternbilder oder Zeichen des Tierkreises; die Sonne braucht dazu ein volles Jahr, der „schnelle" Mond bewältigt diesen Weg in nur wenig mehr als 27 Tagen. Weil sich diese Sternbilder oder Zeichen verschieden hoch über den Horizont erheben, erreichen auch Sonne und Mond bei ihrem täglichen Umlauf nur die

Höhe jenes Sternbildes, in dem sie sich gerade befinden. So beobachten wir ein periodisches Auf- und Absteigen ihrer Bahn, bei der Sonne innerhalb eines Jahres, beim Mond während eines „Monats" von 27 Tagen. In den Bauernregeln und in den Kalendern ist nur von den Tierzeichen die Rede.

Die Sonne erreicht alljährlich ihren höchsten Stand im Juni, wenn sie das Zeichen Krebs erreicht. Dieser Sommersonnenwende entspricht die monatliche Nordwende des Mondes am gleichen Himmelsort (Nordwende deshalb, weil am Himmel „oben" der Norden, „unten" der Süden ist). Der Wintersonnenwende im Dezember und am Beginn des Zeichens Steinbock entspricht die Südwende des Mondes. Von dieser Südwende an steigt der Mond täglich höher über den Horizont, er „geht über sich", bis er nach rund 14 Tagen die Nordwende beim Zeichen Krebs erreicht. Von dort wird seine Bahn täglich niedriger und kürzer, er „geht unter sich", bis er nach weiteren 14 Tagen wieder die Südwende beim Steinbock erreicht. Durch ein Sternzeichen läuft die Sonne in rund 30 Tagen, der schnelle Mond dagegen in nur zwei Tagen und sieben Stunden. In den Kalendern dauert ein Mondzeichen etwas ungenau zwei oder drei Tage. (Der Vorarlberger Schreibkalender gibt hier die genauen Uhrzeiten an.)

Wichtig anzumerken ist, daß der über sich und unter sich gehende Mond nichts mit dem zu- und abnehmenden Mond zu tun hat. Jede Mondphase, etwa ein Voll- oder ein Neumond, kann über sich oder unter sich gehen, je nach dem Zeichen, in dem er gerade steht.

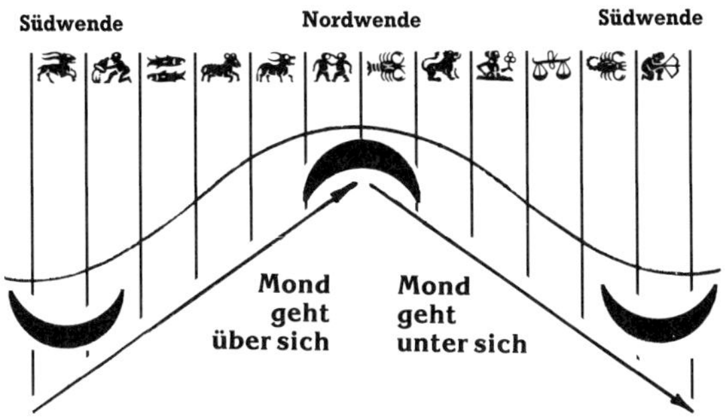

Die über sich und unter sich gehende Mondbahn in den zwölf Zeichen des Tierkreises. Von seinem tiefsten Stand über dem Horizont der Südwende, steigt er durch die Zeichen Steinbock, Wassermann, Fische, Widder, Stier und Zwilllinge täglich höher, bis er nach rund 14 Tagen seinen höchsten Stand in der Nordwende erreicht. Von der Nordwende an wird sein Bogen über dem Horizont von Tag zu Tag niedriger, er geht unter sich durch die Zeichen Krebs, Löwe, Jungfrau, Waage, Skorpion und Schütze, bis er nach weiteren 14 Tagen wieder in der Südwende steht.

„Über sich" und „unter sich" — der Nord- und Südkurs des Mondes:

Mit dem Nord- und Südkurs ist der Lauf des Mondes im Tierkreis gemeint. Der Tierkreis besitzt, vom Äquator aus gesehen, eine nördliche und eine südliche Abweichung.
Nördlichster Punkt: 30° Zwillinge = 0° Krebs (Nordwende ⌒)
Südlichster Punkt: 30° Schütze = 0° Steinbock (Südwende ◡)
Nordkurs: über sich gehender Mond (übergehender Mond)
Südkurs: unter sich gehender Mond (untergehender Mond)
Die Zeichen ⌒ und ◡ gelten strenggenommen nur für den Augenblick der Nordwende und Südwende des Mondes.

1) **„Der Mond geht über sich"** (übergehender Mond; Nordkurs des Mondes; Tag im Mondlauf; ◡ bzw. ↑):
Der Mond wandert im Tierkreis zu uns in den Norden. Er befindet sich auf Nordkurs und zwar von 0° Steinbock (südlichster Punkt = Südwende) bis 30° Zwillinge bzw. 0° Krebs (nördlichster Punkt = Nordwende).
Der Name „Über-sich-gehender Mond" kommt daher, weil er auf seiner Bahn im Tierkreis um die Erde aus dem Süden zu uns in den Norden hinauf wandert; dabei kommt er aus der für uns nächtlichen Sphäre (Süden) zu uns.
Diese Wanderung von der Südwende zur Nordwende dauert knapp 14 Tage; dabei erkennen wir ein Aufsteigen der Mondbahn am Himmel, d. h. von der Südwende an steigt der Mond täglich höher über den Horizont, bis er die Nordwende bei 0° Krebs erreicht hat.

2) **„Der Mond geht unter sich"** (untergehender Mond; Südkurs des Mondes; Nacht im Mondlauf; ⌒ bzw. ↓):
Der Mond wandert im Tierkreis von uns weg in den Süden. Er befindet sich auf Südkurs und zwar von 0° Krebs (nördlichster Punkt = Nordwende) bis 30° Schütze bzw. 0° Steinbock (südlichster Punkt = Südwende).
Der Name „Unter-sich-gehender Mond" kommt daher, weil er auf seiner Bahn im Tierkreis um die Erde von uns im Norden in die nächtliche, südliche Sphäre hinunter wandert.
Diese Wanderung von der Nordwende zur Südwende dauert ebenfalls knapp 14 Tage; dabei erkennen wir ein Absteigen der Mondbahn am Himmel, d.h. von der Nordwende an wird die Bahn täglich niedriger und kürzer über dem Horizont, bis er die Südwende bei 0° Steinbock erreicht hat.

Der Mond oszilliert also auf seiner Bahn periodisch vom Süden zum Norden und vom Norden zum Süden. Die obere Bahnhälfte (Widder bis Jungfrau) liegt nördlich und die untere Bahnhälfte (Waage bis Fische) südlich der Ekliptik. Diese Beziehungen gelten für die nördliche Erdhälfte, auf der südlichen Hemisphäre sind die Verhältnisse umgekehrt.

Wie kann ein Laie erkennen, ob der Mond „über sich" oder „unter sich" geht?

Aus der Höhe der Mondbahn bzw. am Höhenabstand des Mondes über dem Horizont können wir bereits grob den Mondstand im Tierkreis ablesen; die Erkenntnis, ob der Mond über sich oder unter sich geht, gewinnen wir aber erst genau, wenn wir den Verlauf der Mondbahn ein paar Nächte hintereinander verfolgen; erst jetzt erkennen wir, ob die Mondbahn aufsteigt („über sich geht"), oder ob sie absteigt („unter sich geht").

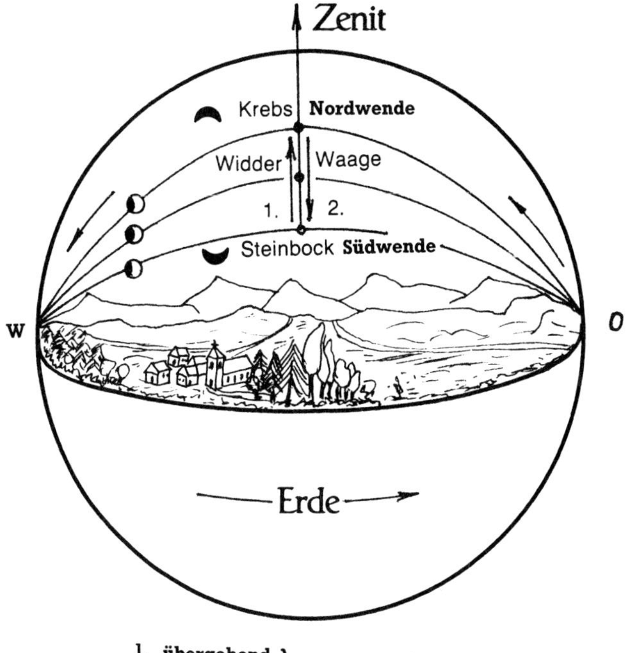

1. **übergehend „übergähnt"** } Nord-Kurs

2. **untergehend „untergähnt"** } Süd-Kurs

Zusammenfassung:

Der Tierkreis, das ist die scheinbare jährliche Sonnenbahn am Himmel, wird in zwölf je 30 Längengrade umfassende „Zeichen des Tierkreises“ geteilt. Als Ausgangspunkt wird derjenige Schnittpunkt des Tierkreises mit dem Himmelsäquator genommen, in dem die Sonne beim astronomischen Frühlingsanfang steht (Frühlingspunkt). Die Zählung erfolgt im Sinne der jährlichen Bewegung der Sonne.

Von diesen Zeichen des Tierkreises, die schon im Altertum in Gebrauch kamen, sind die gleichnamigen Sternbilder zu unterscheiden, die ursprünglich mit jenen ungefähr zusammenfielen, gegenwärtig aber infolge einer langsamen Bewegung des Frühlingspunktes (Präzession) um etwa eine Sternbildbreite gegenüber den Zeichen verschoben sind.

Tierkreis	Dauer im Jahresablauf	Tierkreiszeichen (Ausdehnung in der Ekliptik) Angaben in Grad	Sternbild (Derzeitige Ausdehnung in der Ekliptik) Angaben in Grad
Widder	22. 3.—21. 4.	0— 30	26— 50
Stier	22. 4.—21. 5.	30— 60	50— 89
Zwillinge	22. 5.—21. 6.	60— 90	89—119
Krebs	22. 6.—23. 7.	90—120	119—139
Löwe	24. 7.—23. 8.	120—150	139—174
Jungfrau	24. 8.—22. 9.	150—180	174—214
Waage	23. 9.—23. 10.	180—210	214—239
Skorpion	24. 10.—22. 11.	210—240	239—265
Schütze	23. 11.—21. 12.	240—270	265—301
Steinbock	22. 12.—20. 1.	270—300	301—329
Wassermann	21. 1.—19. 2.	300—330	329—351
Fische	20. 2.—21. 3.	330—360 (0)	351— 26

5. Bewegung des Mondes, Mondbahn, Knotenlinie, Mondmonate

Die Bewegung des Mondes ist äußerst kompliziert. Die Bahn um die Erde ist eine Ellipse, deren erdnächster Punkt (Perigäum) von der Erde 356.410 km entfernt ist. Die größte Entfernung des Mondes (Apogäum) beträgt 406.740 km. Die Mondbahnebene bildet mit der

Erdbahnebene (Ekliptikebene) einen Winkel von 5,14°, während die Neigung der Äquatorebene des Mondes zu seiner Bahnebene den im Vergleich zur Erde kleinen Wert von 1,32° besitzt. Bekanntlich befindet sich der Mond im Zustand der „gebundenen Rotation", d.h. er wendet der Erde stets die gleiche Seite zu, da er sich während seines $27\frac{1}{3}$ Tage dauernden Umlaufes um die Erde gerade einmal um seine eigene Achse dreht. Die Zeit zwischen zwei Vollmondphasen ist etwas größer als die Umlaufzeit, sie beträgt nämlich $29\frac{1}{2}$ Tage. Da sich der Mond im gleichen Sinn um die Erde bewegt wie diese um die Sonne, muß er nämlich nach einem Umlauf noch jenes Stück nachholen, um das sich die Erde inzwischen weiterbewegt hat.

Die Neigung der Mondbahnebene gegen die Ekliptik:

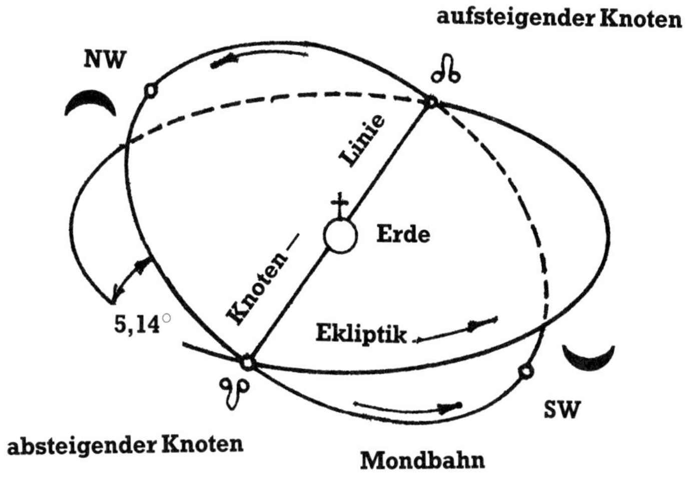

SW **Südwende**

NW **Nordwende**

SW bis NW: Mond geht über sich (übergehend, „übergähnt");

NW bis SW: Mond geht unter sich (untergehend, „untergähnt").

Übrigens: Die erste Mondlandung von Menschen erfolgte am 20. Juli 1969; die ersten „Mondmänner" waren die Amerikaner Neil Armstrong und Edwin Aldrin mit dem Raumschiff „Apollo 11" und dem Mondlandeboot „Eagle".

Die Knotenlinie der Mondbahn:

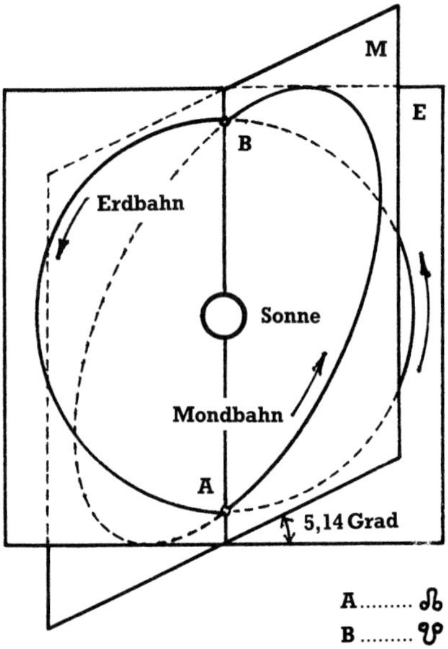

Die Durchschnittslinie der Mondbahnebene mit der Erdbahnebene, also mit der Ekliptik, wird die Knotenlinie genannt. Die beiden Durchschnittspunkte der Mondbahn mit der Ekliptik, die Mondknoten, werden als aufsteigender Knoten (☊; der Mond überquert die Ekliptik in Richtung Süden nach Norden) und als absteigender Knoten (☋; der Mond überquert die Ekliptik in Richtung Norden nach Süden) unterschieden. Beide Punkte spielen in der Kalenderberechnung eine große Rolle. Die Bestimmung der Dauer eines Mondumlaufes ist gar nicht so einfach, wie man gemeinhin annimmt. Mit dem Wort „Monat" bezeichnet man verschiedene Zeiträume. Abgesehen vom Kalendermonat, der ein willkürlich festgesetzter Zeitabschnitt unterschiedlicher Länge ist, verstehen wir unter Monat im allgemeinen die Zeit, die zwischen zwei gleichartigen Mondphasen (Vollmond — Vollmond oder Neumond — Neumond) vergeht. Diesen Zeitraum zwischen zwei gleichen Phasen nennt man einen „synodischen Monat". Er dauert genau 29 Tage, 12 Stunden, 44 Minuten und 2,8 Sekunden. Weil aber die Erde in ihrem Umlauf um die Sonne in dieser Zeit samt Mond weitergewandert ist, erscheint die gleiche Mondphase, die ja allein von der Stellung des Mondes und der Sonne zueinander abhängig ist, nicht mehr vor demselben Sternhimmelhintergrund.

Siderischer und synodischer Monat:

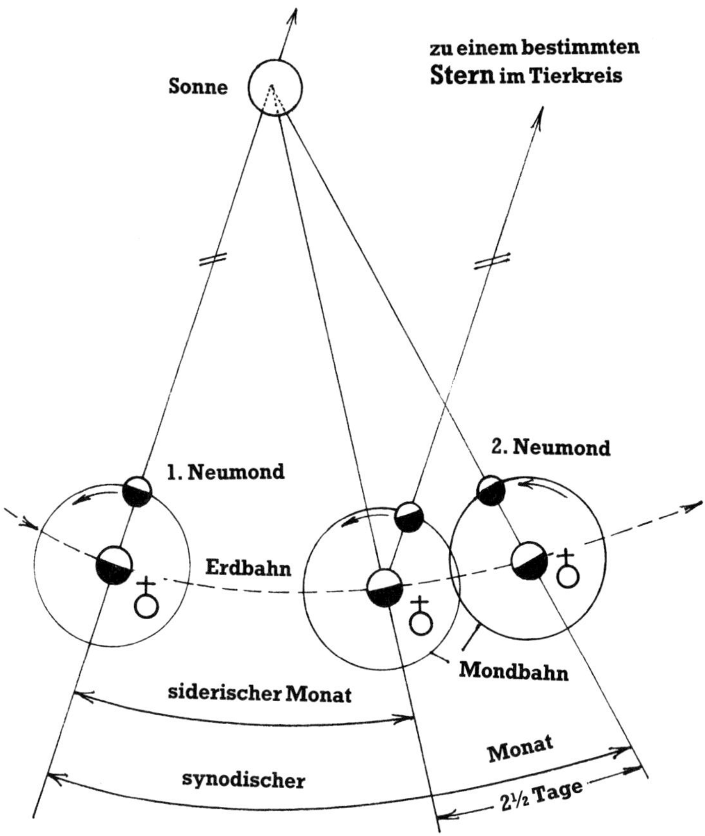

Die genaue Umlaufzeit des Mondes um die Erde ist der „siderische Monat“. Es ist der Zeitraum, den der Mond braucht, um an einem bestimmten hellen Fixstern, Regulus im Löwen oder Spika in der Jungfrau oder Antares im Skorpion, wie an einer Art Meilenstein wieder vorbeizukommen, ungeachtet seiner jeweiligen Phasen. Dieser auf den Sternenhintergrund bezogene siderische Monat dauert nur 27 Tage, 7 Stunden, 43 Minuten und 11,5 Sekunden. In derselben Zeit dreht sich auch der Mond um seine eigene Achse, weshalb er der Erde stets dasselbe Gesicht zuwendet.

Daneben gibt es je nach Beziehungspunkt noch andere Monatsbestimmungen. Etwa den „drakonitischen Monat". Die Mondbahn ist bekanntlich gegen die Ebene der Erdbahn (Ekliptik) um 5,14° geneigt. Wenn der Mond die Erdbahnebene (Ekliptik) überschreitet, nennt man das den Knotendurchgang. Zwischen zwei Knotendurchgängen im gleichen Richtungssinn (z.B. Norden — Süden — Norden) vergeht ein drakonitischer Monat, dessen Dauer 27 Tage, 5 Stunden, 5 Minuten und 35,8 Sekunden beträgt.

Schließlich gibt es noch den „anomalistischen Monat". Das ist die Zeit, die zwischen zwei Durchgängen des Mondes durch den Punkt seiner größten Nähe zur Erde (Perigäum) vergeht. Er dauert 27 Tage, 13 Stunden, 18 Minuten und 33,1 Sekunden.

Die Zeitdifferenzen zwischen diesen Monatsberechnungen sind teils gering, teils bedeutend. Daß sie überhaupt auftreten, beruht auf dem durch die Schwerkraftgesetze erzwungenen Zusammenwirken beider Himmelskörper im System Erde — Mond.

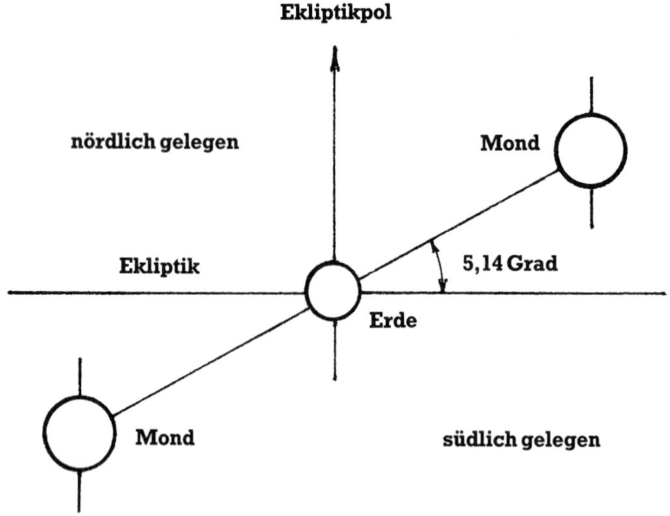

6. Die Ursachen der Gezeiten (= Tiden)

Ebbe und Flut treten durch das Zusammenwirken der Gravitationskraft Erde — Mond und der Fliehkraft jeweils auf gegenüberliegenden Seiten der Erde auf. Diese „Streckung" der Erdkugel kann durch die zusätzliche Anziehung der Sonne verstärkt oder abgeschwächt werden. Im ersten Falle kommt es zur „Springflut", im zweiten zur „Nippflut". Durch die Flutreibung (Gezeitenkräfte) wird die Eigenrotation der Erde minimal, aber nachweisbar, verringert. Die Gezeitenkräfte sind zu etwa $^2/_3$ auf den Mond, zu $^1/_3$ auf die Sonne zurückzuführen. Gezeiten finden auch in der Erdkruste (etwa $^1/_2$ m Amplitude; Marburg an der Lahn) und in der Atmosphäre (geringe Auswirkung, da die Gezeitenkräfte massenproportional sind) statt. Auffallend ist auch die Anpassung des Lebens an die Gezeiten (z.B. Fauna und Flora des Meeresstrandes).

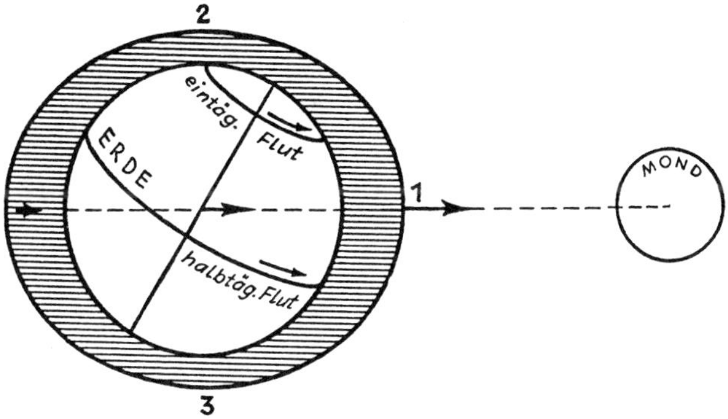

EBBE UND FLUT Die Meeresgezeiten verdanken ihr Entstehen vorwiegend dem Mond. Die den größten Teil der Erdoberfläche bedeckenden beweglichen Wassermassen der Ozeane und Binnenmeere werden auf der dem Mond zugekehrten Seite (1) stärker, auf der ihm abgewandten Seite schwächer angezogen als der feste Erdball, so daß zwei Flutberge und dazwischen ein Ebbering (2, 3) entstehen. Infolge der Erdrotation zeigt jeder Meeresort zweimal am Tag Ebbe und Flut, mit Ausnahme der polaren Gegenden, die nur einmal täglich in den Bereich der Flut gelangen (nach K. Stumpf).

Die Ursache der Gezeiten

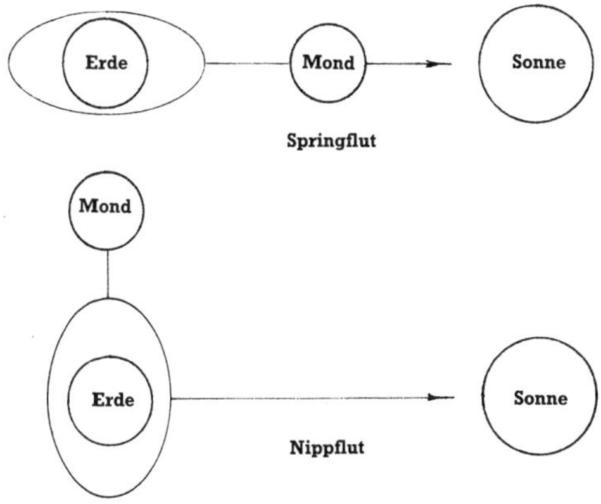

7. Größenvergleiche Erde — Mond — Sonne

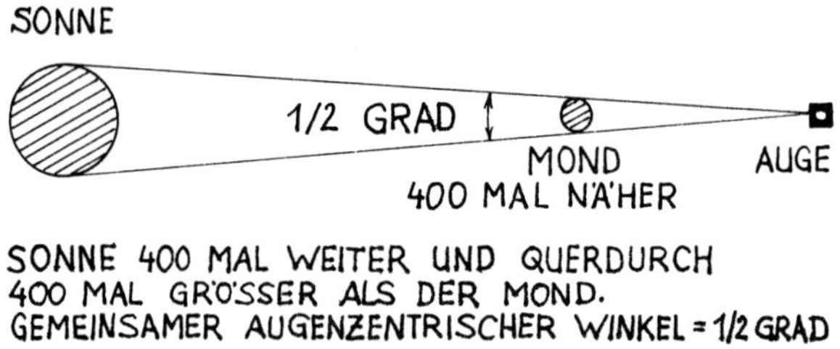

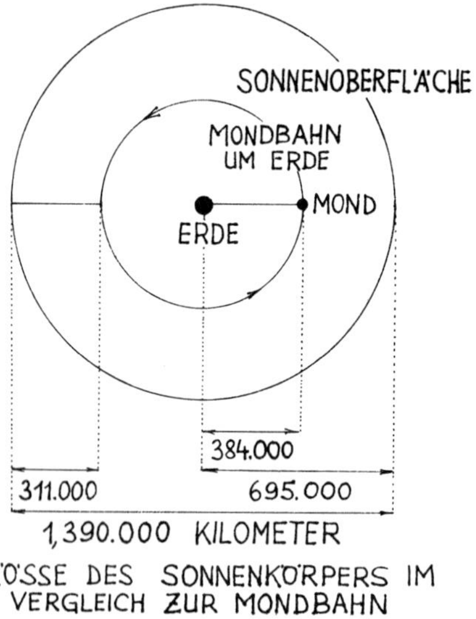

Größe des Sonnenkörpers im Vergleich zur Mondbahn.

Mondgröße im Vergleich mit dem afrikanischen Kontinent.

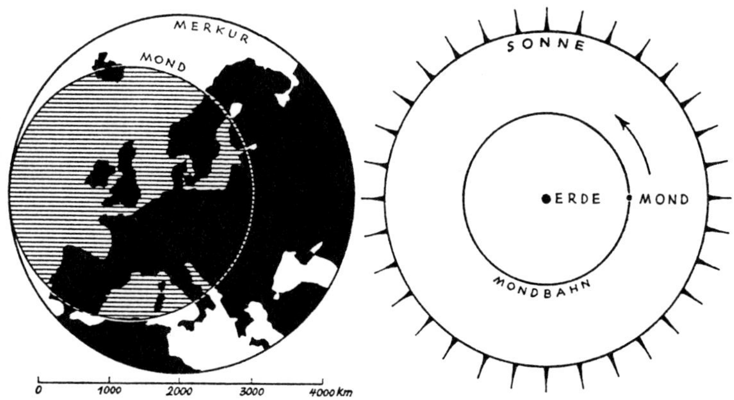

GRÖSSENVERHÄLTNISSE DES MONDES

Links: Auf einer Karte Europas wurden der Mond und der Planet Merkur maßstabgetreu eingezeichnet (nach R. Müller).
Rechts: Die gesamte Mondbahn hätte innerhalb der Sonne genügend Platz.

8. Sonnen- und Mondfinsternis

Sie sind, wie die Mondphasen, Schattenerscheinungen.

a) Eine Sonnenfinsternis tritt ein, wenn der Mond zwischen Erde und Sonne hindurchzieht. Sie wird dann total, wenn der scheinbare Durchmesser des Mondes für den irdischen Beobachter größer ist als der der Sonne. Dazu muß der Abstand zwischen Mond- und Erdmittelpunkt im Augenblick der Verfinsterung geringer als 375.000 km sein.

Bei Neumond befindet sich der Mond zwischen Erde und Sonne. Ist er dabei in der Nähe der Schnittlinie der Bahnebenen von Erde und Mond, kann sein Schatten die Erdoberfläche treffen und über diese hinwegziehen. In diesem Fall sprechen wir von einer Sonnenfinsternis. Bei einer Sonnenfinsternis fällt der Schatten des Mondes auf die Erde. Für Beobachter im Kernschatten des Mondes herrscht eine vollständige oder totale Sonnenfinsternis, für Beobachter im Halbschatten (= Übergangsschatten) eine teilweise oder partielle Sonnenfinsternis. Erreicht die Spitze des Kernschattens des Mondes die Erde nicht, so können wir eine ringförmige Sonnenfinsternis beobachten.

b) Eine Mondfinsternis tritt ein, wenn unser Trabant durch den Schattenkegel der Erde zieht. Sie kann Stunden dauern. Bei einer Mondfinsternis fällt der Schatten der Erde auf den Mond.

Die von der Sonne beleuchtete Erde wirft einen Schatten in den Weltraum. Wandert der Mond in diesen Schatten hinein (Vollmondstellung), so kommt es zu einer M o n d finsternis. Da Mondbahnebene und Erdbahnebene (= Ekliptik) miteinander einen Winkel von 5°9' bilden, zieht der Vollmond meistens neben dem Erdschatten vorbei. Nur wenn der Vollmond nahe der Schnittlinie der beiden Bahnebenen steht, kommt es zu einer Mondfinsternis.

Eine totale Mondfinsternis entsteht, wenn der Mond ganz in den Kernschatten der Erde eintritt. Wird er nur teilweise vom Kernschatten der Erde getroffen, so spricht man von einer teilweisen oder partiellen Mondfinsternis.

Sonnen- und Mondfinsternis:

a) Die Entstehung einer Sonnenfinsternis:
(Sonnenfinsternis = idealer Neumond)

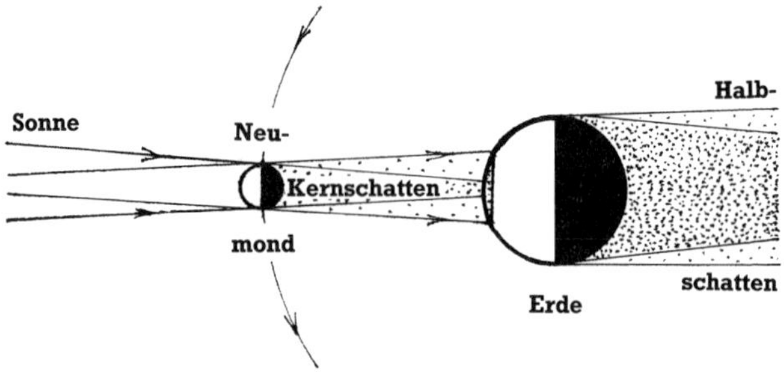

b) Die Entstehung einer Mondfinsternis:
(Mondfinsternis = idealer Vollmond)

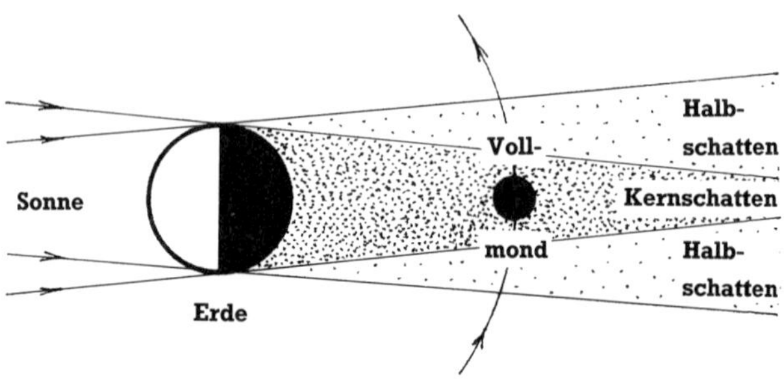

II.

Einfluß des Mondes auf irdische Ereignisse und Volksglauben

„Der Aberglaub', in dem wir aufgewachsen, verliert, auch wenn wir ihn erkennen, darum doch seine Macht nicht über uns. — Es sind nicht alle frei, die ihrer Ketten spotten."

Gotthold Ephraim Lessing (1779)

1. Das Chaos der Vorstellungen

Wer aufmerksam das Material zum Mondglauben des deutschen (deutschsprachigen) Volkes überprüft, wird vergeblich versuchen, den Knäuel der mannigfachen Vorstellungen in einer ihn befriedigenden Weise zu entwirren; in den Wetterregeln und Sagen einer Gegend, soweit sie sich mit dem Mond beschäftigen, muß man, um sie in ihren verschiedenen Bestandteilen zu verstehen, auf die gegenteiligsten Grundlagen zurückgehen. Sie liegen teils im Naturempfinden der frühdeutschen Zeit, teils entstammen sie dem Volksglauben der Mittelmeerländer, teils der Magie des Altertums oder der wissenschaftlichen Astrologie der Alten. Der Versuch der Sonderung des Materials zum Mondglauben erscheint fast aussichtslos; nur wo der gelehrte Apparat der eigentlichen Planeten und der Tierkreisbilder in der Beurteilung der Verhältnisse nach dem Mond mitverwendet wird, ist Zurückführung auf wissenschaftliche Astrologie möglich. Denn hier liegt Methode vor, über die gelehrte Bücher Auskunft geben; in allen mündlich überlieferten Regeln muß die Scheidung sich auf die Anwendung ganz grober Kategorien beschränken.

Dasselbe Volk vermag in seinem Bewußtsein gefühlsmäßig den verschiedensten Seiten seiner Mondbeobachtung, zu denen das Wesen dieses Gestirns ja geradezu auffordert, Rechnung zu tragen und dieselben Menschen sind imstande, ihre Ansichten über Beziehungen des Kosmos zu ihrem privaten Tun für den vorliegenden Fall sowohl aus dem Phasenwechsel mit seinem Charakter des ständig-sich-Veränderns wie aus dem Erlebnis des Geheimnisvollen der hellen Mondnacht mit ihrem fahlen Licht herzuleiten.

Denn der Glaube an die Bindung des irdischen Daseins an höhere Mächte, das Erleben des Göttlichen in seiner Machtfülle wie die

Erfahrung der Veränderlichkeit alles Lebendigen, die nebeneinander in demselben Menschen als religiöse Tatsachen bestehen, können an kein Gestirn so überzeugend angeknüpft werden wie an den Mond; er hat deswegen auch von allen „Sternen" die eingehendste Beachtung auf der ganzen Erde erfahren.

Warum aber gaben sich die Menschen in aller Welt solche Mühe in der Erforschung der Gestirne? Weil wir Gazellen, Antilopen und Büffel jagten, die jahreszeitliche Wanderungen unternehmen, Früchte und Nüsse pflückten, die nur in bestimmten Monaten reifen und nach der Erfindung des Ackerbaues zur rechten Zeit säen und ernten mußten. Außerdem hatten die weitverstreuten Nomadenstämme bestimmte jährliche Zusammenkünfte anberaumt. So entschied die Fähigkeit, den Himmelskalender zu lesen, buchstäblich über Leben oder Tod. Überdies zeugte das Wiederauftauchen des zunehmenden Mondes nach Neumond, die Rückkehr der Sonne nach einer totalen Sonnenfinsternis, ihr allmorgendlicher Aufgang nach ihrer beklemmenden Abwesenheit über Nacht — Vorgänge, die die Menschen rund um den Erdball beobachteten — von der Möglichkeit, den Tod zu überwinden, mit anderen Worten, der Himmel galt den Menschen auch als Symbol der Unsterblichkeit.

Vor unserer Zeitrechnung lebten zigtausende Generationen denkender Menschen, über die wir fast nichts wissen. Eine Generation lernte von der anderen, und so hatte sich im Laufe der Jahrhunderte immer mehr Wissen angesammelt. Je genauer aber Stellung und Bewegung von Sonne, Mond und Sternen bekannt waren, desto zuverlässiger ließ sich die geeignete Zeit für Jagd, Saat und Ernte sowie für die Stammesversammlungen voraussagen. Und da mit zunehmender Präzision der Messungen auch eine Art Buchführung erforderlich wurde, förderte die Astronomie nicht nur die Beobachtung, sondern auch die Mathematik und die Entwicklung der Schrift.

Viel später kam dann eine reichlich seltsame Idee auf, mit der Mystizismus und Aberglauben in die bis dahin überwiegend von der empirischen, auf Erfahrungen aufbauenden Wissenschaft beherrschte Domäne einbrachen. Sonne und Sterne — so viel war bereits bekannt — regulierten Jahreszeiten, Nahrungsangebot und Temperatur, während der M o n d die Gezeiten, die Lebenszyklen vieler Tiere, möglicherweise auch die menschliche Menstruationsperiode bestimmte — für eine auf Nachwuchs bedachte Spezies von erstrangiger Bedeutung. Doch gab es am Himmel noch die herumvagabundierenden Wandersterne, genannt Planeten, zu denen sich unsere nomadisierenden Vorfahren besonders hingezogen fühlen mußten. Insgesamt fünf mit freiem Auge sichtbare Planeten bewegten sich vor dem Hintergrund fernerer Sterne. Verfolgte man über Monate hin den scheinbaren Lauf von Merkur, Venus, Mars,

Jupiter und Saturn, zeigte sich, daß sie, wie auch die Sonne und der Mond, von einem Sternbild zum anderen wanderten. Man fragte sich nun, da doch offenbar alle Himmelskörper Einfluß auf das Leben der Menschen nahmen, welche besondere Rolle die Planeten wohl spielen mochten.

In der heutigen westlichen Gesellschaft findet sich viel mehr Literatur über Astrologie als über Astronomie. Die Astrologie behauptet, das Sternzeichen, in dem die Planeten bei der Geburt eines Menschen stehen, beeinflusse auch sein weiteres Schicksal. Die Astrologen begannen, die Planetenbahnen und jene der Sonne und des Mondes zu studieren, um daraus Prophezeiungen und Zukunftsdeutungen abzuleiten. So entwickelte sich die Astrologie zu einer sonderbaren Mischung aus Beobachtung, Mathematik, sorgfältiger Buchführung und wirrem Denken, untermischt mit frommem Betrug.

2. Mutmaßliche Naturgrundlagen des Mondglaubens

Es ist immer schwierig, wenn wir für religiöse Vorstellungen, deren naturhafte Grundlage sich von selbst aufdrängt, psychologische Begründungen suchen, die den Entstehungsvorgang eines solchen Glaubensinhaltes begreiflich zu machen versuchen. Denn solcher Rationalismus scheint in seinem Bestreben zu trennen, sich von einer Veranschaulichung des wirklichen Vorgangs weit zu entfernen. Außerdem wird man über Mutmaßungen nie hinauskommen. Denn alles Regen der Vorzeit ist dunkel und darum mit unseren wissenschaftlichen Kategorien nicht faßbar. Die Mutmaßungen können etwa folgendermaßen zusammengefaßt werden:

a) Das vielleicht Wunderbarste an der Erscheinung des Mondes ist der gespensterhafte Schein des Vollmondes und den diesem vorausliegenden und nachfolgenden Nächten. Er läßt Berge und Bäume, Menschen und Tiere gespenstige Schatten werfen. Dabei erweckt das Halbklare, Unscharfe den Eindruck des Fremdartigen, Nichtmenschlichen, Geheimnisvollen. Nacht und Mond sind allezeit mit dem Gefühl für das Besondere, Geheime, Verborgene verbunden worden.

b) Durch den Phasenwechsel des Mondes selbst ist eine ständige Veränderung im Aussehen der Erdoberfläche bei Nacht gegeben; am stärksten treten die Zeiten des Vollmondes und des Neumondes heraus als irgendwie wesentliche Augenblicke. Da die Datierung besonders des Neumondes früher nicht annähernd erfaßt werden konnte, rät der Volksglauben, nicht bei Voll- oder Neumond etwas zu tun oder zu unterlassen, sondern allgemein in den Nächten um den Vollmond oder Neumond. Als Neumond bezeichnet der Volksmund vielfach erst das erste Wiedersichtbarwerden des zunehmenden Mondes.

c) Die auffallende (relative) Größe des Mondes unter den anderen die Nacht erhellenden Gestirnen; der Mond wurde im Volksglauben geradezu zur nächtlichen Sonne. Das Interesse am Mond vertieft sich zudem bei der Wahrnehmung der wechselnden Farbe des Mondlichtes zu den verschiedensten Stunden der hellen Mondnächte (glutroter Aufgang — bleiches Gelb im Zenit — gleißendes Weiß beim Untergang des Vollmondes).

d) Denkt man schließlich daran, daß Springfluten bei Vollmond entstehen, daß nach Vollmondnächten oft Tau die Wiesen bedeckt, daß die weibliche Reinigung (Monatsblutung, -zyklus) in ihrer Dauer etwa der Periode des Mondumlaufs entspricht, so liegt die Möglichkeit sehr nahe, solche Veränderungen im Bereich des Irdischen mit dem Wandel des Mondes ursächlich zu verknüpfen und schließlich alles veränderliche Leben überhaupt von dem Mond abhängig zu machen. Es erweist sich als belegbare Tatsache, daß astronomische Klarheit den Volksglauben nicht bannt. Die Gründe liegen darin, daß die rein astronomische[1] Erklärung nichts besagt über die viel brennendere Frage, die in der Erfahrung der Veränderlichkeit des Lebendigen täglich auftaucht und immer wieder auf Klärung drängt: die Frage nach dem Schicksal. Indem sie an den Himmel als den der Erde entrückten Raum des Kosmos auch in unserem Gefühl immer wieder anknüpft, bleibt sie an den sichtbaren Erscheinungen des Himmels, den Sternen, und unter diesen wieder an den größten, also auch dem Mond, haften trotz der falschen Ursachenverknüpfung. Denn alle Aufklärung vermag die Frage nach dem Schicksal nicht gegenstandslos zu machen. So liegt der falschen Ursachenverknüpfung doch ein diesem Nachweis entrückter Bereich eines richtigen Gefühls zugrunde, das auch im Mondglauben Ausdruck gefunden hat: die Bindung der Existenz der Erde an die großen Gestirne des Himmels. Dabei wird auf den Mond fälschlicherweise und unbewußt das mit übertragen, was für die das Gefühl viel weniger beschäftigende Sonne bewiesenermaßen gilt.

---

[1] Astronomie (griechisch): Sterngesetz; Himmelskunde; Sternkunde. Gesamtgebiet der exakten Wissenschaft von den Himmelskörpern. (Der Astronom = der Sternforscher).

Astrologie (griechisch): Sterndeutung; der Versuch, Wesen und Schicksal der Menschen aus Gestirnsstellungen zu deuten; die Astrologie als solche wurde durch das Vordringen des kopernikanischen Weltsystems zurückgedrängt; sie hat sich jedoch trotz Kritik bis in die Gegenwart erhalten. (Der Astrologe = der Sterndeuter).

3. Sympatheia[1] — „dem Mond unterstellte Vorgänge“ des Lebens

„Das Reich jener Welt und das Reich dieser Welt stehen einander nicht feindlich gegenüber, sondern sind friedliche Nachbarreiche; kein Streit kommt zwischen sie. Die Naturwissenschaft reißt die Wurzeln des Aberglaubens aus dem Acker der Religion!“
Hans Christian Andersen (1856)

Der astrale Sympathieglaube gipfelt in der Idee einer Entwicklung der irdischen Dinge (Menschen, Tiere, Pflanzen, ihre Arbeitsverrichtung und Leiden) in Parallele zu der Entwicklung kosmischer Körper, einzeln oder im Zusammenhang miteinander. In der astrologischen Interpretation kommender Ereignisse aus der Natur der Tierkreisbilder und der in ihnen stehenden oder mit ihnen durch Aspekt verbundenen Planeten hat er seine weitreichendsten Auswirkungen gezeitigt. Der Mond wird als „Planet“ (Himmelskörper) von der Astrologie besonders eingehend gewürdigt.

Neben dieser gelehrten Anwendung des Sympathieglaubens gibt es eine volkstümliche, die naturgemäß viel schlichter ist. In dieser Form ist der Sympathieglaube eine der Urformen menschlichen religiösen Denkens. Die Idee der Entwicklung irgend einer Sache zum Vorteil oder Nachteil des Menschen vermochte angesichts der Tatsache des zu- oder abnehmenden Mondes an den Mond leichter anzuknüpfen als an irgend ein anderes Gestirn. So gibt es z.B. im Bereich des deutschen Volkes eine große Menge von Vorschriften, deren Gegenstand (z.B. das Gedeihen des menschlichen Lebens und dessen, was dazu gehört, wie Feldfrüchte, Gartenpflanzen, Haustiere) mit dem Wachsen und Schwinden des Mondes verknüpft erscheint. Mit zunehmendem Mond begonnen wächst und blüht mein Tun; abnehmender Mond schädigt, hemmt, ja vernichtet sogar. Daraus ergibt sich mit Abwandlung ins Moralische: Wenn Menschen etwas zur Förderung des Guten tun, geschieht es am besten bei zunehmendem Mond; soll dagegen etwas vernichtet werden, so tut man es bei abnehmendem Mond.

Der deutsche Sympathieglaube, der an den zunehmenden und abnehmenden Mond anschließt, bezieht sich auf alle Gebiete des

---

[1] Sympatheia, Sympathie (grch.): Zusammen — Erleiden, Mitgefühl, Wohlwollen. Ursprünglich das kosmologische Mitbetroffensein aller Teile eines Ganzen durch Einwirkung eines einzelnen Teils und umgekehrt; daher „universelle Sympathie“.

Landlebens. W. Wolf hat solche Regeln, die aus allen Teilen Deutschlands mitgeteilt wurden, in großer Anzahl zusammengestellt unter den Stichworten: Mensch, Haus und Hof — Garten, Feld und Wald — Krankheiten und ihre Heilung.

a) Zu- und abnehmender Mond bei Geburt, Hochzeit und Tod des Menschen

1. Wer im Augenblick des Neumondes geboren ist, ist nicht fortpflanzungsfähig (Mecklenburg). Ein Mensch, sechs Stunden vor und nach Neumond geboren, geht in kurzer Zeit zugrunde (Sarganserland).

2. Der Mond dient den Liebenden. Wenn man den Neumond zum erstenmal sieht, soll man ihm drei Kußhände zuwerfen und sagen: „Lieber Mond, sage mir, wen ich werde haben zum Manne hier", und der, von dem man in der darauffolgenden Nacht träumt, ist der Zukünftige (Sprottau, um Oppeln).

3. Bei zunehmendem Mond sollen Ehekontrakte aufgesetzt sowie Hochzeiten gefeiert werden. Man glaubt, daß dadurch dem jungen Paare Anwachsen des Vermögens und der Wirtschaft beschieden sei. Vor Eheschließung bei abnehmendem Mond (auch Neumond) wird gewarnt; Kinderlosigkeit, Vermögensrückgang, Unglück sind die Folge (Baden, Westböhmen, Erzgebirge, Vogtland). Eine andere Regel besagt, daß Verlobungen und Ehebündnisse eingegangen werden sollen, wenn der Mond in den Zeichen Krebs, Waage oder Fische steht.

4. Ebenso darf der Einzug der Brautleute in das neue Heim nur bei Neumond, zunehmendem Mond (manchmal auch noch bei Vollmond) erfolgen, da dann das Glück zunimmt. Vor Einzug bei abnehmendem Mond wird wiederum ausdrücklich gewarnt (Westböhmen, Erzgebirge).

5. Die Beziehung zwischen zunehmendem Mond und Ehe ist weit ausgesponnen; z.B. erblickt eine junge Frau den ersten Vollmond nach der Heirat im Freien, so bedeutet das Glück; andernfalls zerschlägt sie viel Geschirr und bringt so Unfrieden in die Ehe.

6. Zu- und abnehmender Mond haben im Leben eines Kindes einen Einfluß. Ein Kind, dessen Geburt in den wachsenden Mond fällt, gedeiht physisch und psychisch besser als eines, das bei abnehmendem Mond zu leben begann (Sarganserland).

7. Gebiert eine Frau bei zunehmendem Mond, so wird sie noch mehr Kinder bekommen (Braunschweig).

8. Man legt ein Kind nur bei zunehmendem Mond zum erstenmal in die Wiege oder den Wagen, wohl um des Gedeihens willen (Württemberg, Baden).

9. Im Erzgebirge läßt man nur ungern Kinder bei abnehmendem Mond taufen.

10. In Westböhmen erfolgt das Abstillen des Kindes, damit es zunehme oder große Brüste habe, bei zunehmendem Mond.

11. Wenn der Tod des Familienvaters im zunehmenden Mond erfolgt, so bedeutet das Segen und Reichtum für die Kinder; im umgekehrten Falle verarmen sie (Vogtland).

12. Wird die Leiche bei Vollmond begraben, so nimmt sie den Segen aus dem Hause (Erzgebirge).

b) Holzen und Bauen; häusliche Tätigkeit

1. Holzfällen soll man im abnehmenden Mond, damit das Holz nicht fault oder Würmer es nicht fressen (Hinterpommern, Mecklenburg); zur Zeit des Neumondes abgeschnittene Stöcke sollen rissig werden.

2. Für Bauholz wird das Fällen bei zunehmendem Mond ausdrücklich vorgeschrieben (Kärnten).

3. Holz schlichten soll man nur im über sich gehenden Mond, bei einem guten Sternzeichen (Widder, Stier, Zwillinge, Steinbock), da sonst das Holz zu schimmeln beginnt; dasselbe gilt auch für die Errichtung eines Heustockes (Alfons Wohlgenannt); manche Bregenzerwälder schwören buchstäblich auf das Sternzeichen Waage (befindet sich im unter sich gehenden Mond) als günstige Zeit zum Versorgen des Holzes, zum Aufrichten des Dachstuhls u.a., was also als eine interessante Abweichung vom sonst praktizierten Mondglauben gilt.

4. Ist der Dachstuhl luftig gelagert (Luftdurchzug möglich), so hat der Einfluß des Mondes keine herausragende Bedeutung; der Trocknungsprozeß geht im unter sich gehenden Mond nur langsamer voran (Alfons Wohlgenannt). Besteht aber nicht die Möglichkeit eines Durchzuges, so erstickt das Holz. Alle Wasserzeichen (Krebs, Skorpion, Fische) sind für das Holz und das Heu von Nachteil, auch wenn sie dem über sich gehenden Mond angehören (Alfons Wohlgenannt).

5. Gutziehende Kamine müssen am Vollmondtag gebaut werden, dann sollen sie so fest ziehen, daß ohne Sperrer „das Holz zum Kamin hinaus flöge“ (alter Tiroler Bauer).

6. Winterfenster sollen den ganzen Winter über eisfrei bleiben, wenn man sie im November im Neumond wäscht (bei einem bestimmten, aber nicht erfragbaren Zeichen; Tirol).

7. Das Holz für gute Fußböden, besonders Tannenböden, muß im Dezember, wenn der Mond unter „der Erde steht“, gefällt werden, dann wird der Boden die Zeit seiner Verwendung lückenlos bleiben (Tirol).

8. Binderholz für den Dachstuhl soll im Neumond und Krebs umgeschnitten werden, das Holz bleibt dann fest und geht nicht nach, d.h. es arbeitet und knarrt nicht; Krebs und Neumond kommen selten zusammen (Alfons Wohlgenannt; Tirol).

9. Kaminholz muß zwischen „den zwei Frauentagen im Neumond" (im besonderen Zeichen — Zeichen nicht erfragbar) gefällt werden. In den hölzernen Bauernhäusern des Unterinntales findet man durchwegs lärchene Kamine und diese werden aus diesem Holz verfertigt, denn es soll unverbrennbar sein, kann aber nicht jedes Jahr gearbeitet werden, weil Neumond und das Zeichen zwischen den Frauentagen nicht zusammenkommen.

10. An Wassermannstagen bei Neumond gefälltes Holz galt im Tirol als nicht brennbar, trotz aller Dörrung. An solchen Tagen fällte man Tannenbäume, um die besten Bretter zu hölzernen Kaminen zu erlangen (hier wird das Zeichen genannt). Solche Kamine existieren heute noch nach einer Dienstleistung von etwa 170 Jahren; die Späne der Zimmerer konnten, laut einer Erzählung, von der Bäuerin trotz aller Versuche nicht angezündet werden.

11. Wenn man vermeiden will, daß Türen und Fenster klemmen und die Scheiben schwitzen, versetzt man diese beim über sich gehenden Mond und Hornzeichen (Widder, Stier, Steinbock; Martin Winsauer); weiters richtet man bei diesem Mond Dachstühle auf und bringt das Holz nur im Übergehenden unter Dach (zum Aufschichten), weil es nur so richtig trocknet und nicht schimmlig und blau wird (Vorarlberg). Beim näheren Fragen nach dem „Warum" und „Wieso" dieser überlieferten Gewohnheiten stößt man meistens (auch bei eingefleischten „Mondgläubigen") auf ein verlegenes Achselzucken und auf die Bemerkung „...es ist halt so!" (bekannte Dornbirner Namen aus der Land- und Forstwirtschaft, der Zimmerer- und Möbelbranche).

12. Holzfußböden verlegt man nur bei untergehendem Mond, weil es sonst Risse und Spalten gibt und sich die Dielen werfen (Vorarlberg).

13. Bauholz soll, in Abänderung zur Kärntner Vorschrift, beim unter sich gehenden Mond geschlagen werden, Brennholz dagegen beim über sich gehenden (Vlbg. Forstmann).

14. Ein Gewährsmann aus dem Bregenzerwald wieder war der Meinung, daß es weniger auf die Mondbahn, aber um so mehr auf das richtige Zeichen und darauf ankommt, daß Holz bei kurzem Tag, also im Winter, geschlagen und nachher beim übergehenden Mond aufgeschlichtet wird. Gutes Holz wird nach seiner Meinung in den harten Zeichen (Steinbock, Wassermann, Stier) und nie in den weichen, wässerigen Fischen, Krebs und Skorpion geschlagen.

15. Bauernregeln über Holzschlägern (Brenn- und Bauholz), ge-

sammelt aus mündlicher Überlieferung aus dem Lesach-, Gail-, Möll-, Drau- und Jauntal (alle in Kärnten) von Ing. Sommer und dokumentiert von Richard Wagner (Kärnten, 1979):
„An welchen Tagen man das Brenn- und Bauholz schlägern soll, daß es nicht schwindet, nicht wurmt und reißt“:

a) Das Brennholz soll man in dem ersten Viertel des wachsenden Mondes, beim jungen Schein, schlagen.

b) Schlägt man in den ersten vier Tagen des Mai beim alten Schein ein Holz, so fault dieses nicht und wird auch nicht wurmstichig.

c) Wenn man in den zwei letzten Freitagen im März beim alten Schein ein Holz schlägert, wurmt dieses auch nicht; wenn man solches Holz zu Laden schneiden läßt und von solchen Laden Truhen und Kästen anfertigt, so kommen keine Würmer und Motten hinein.

d) Wenn man ein Holz schlägt am Margaretenabend (10. Juni), dieses Holz zerkliebt (spaltet sich) nicht, der Mond mag zu- oder abnehmend sein.

e) Wenn man Holz im zunehmenden Mond im Zeichen der Fische schlägt, so zerkliebt es nicht (reißt nicht), dörrt nicht zusammen und wird nicht kleiner (schwindet nicht).

f) Wenn man in den zwei letzten Tagen des Christmonats und in den ersten Tagen des Jänners ein Holz schlägt (gegen Abend), bleibt dieses Holz unverwest, wird von Würmern nicht zerfressen und, je älter es wird, desto härter wird es.

g) Schlägt man ein Holz, wenn der Mond am kleinsten ist, bevor er stärker wird, so kann man dieses Holz auch grün verarbeiten; es zerkliebt nicht, dörrt nicht zusammen und schwindet nicht.

h) Holz, das in den drei letzten Tagen des Febers bei abnehmendem Monde geschlagen wird, kommt nicht mehr und es fault sogar die Wurzel. Sträucher, Stauden und Unkraut, drei Tage vor dem 21. Juni vormittags (Tagwende) ausgerissen, wachsen nicht mehr nach.

i) Brennholz soll man erst im Juni und nicht im Mai schlägern.

j) Der 25. März, der 29. Juni und der 31. Dezember sind merkwürdige Tage: Holz, an diesen drei Tagen geschlagen, schwindet nicht.

k) Geschlagenes Holz vom 31. Dezember, 1. Jänner und 1. März springt und reißt nicht auf.

l) Holz, am 1. März geschlagen, widersteht dem Feuer.

m) Holz, am 7., 8. und 9. Jänner geschlagen, ist für Fußböden am besten geeignet, vorausgesetzt, der Mond ist unter der Erde.

16. Stubenweißen hat nur bei abnehmendem Mond zu geschehen, weil die Stuben sonst nicht trocknen (Mecklenburg).

17. Kellergraben soll man nur bei abnehmendem Mond (Allgäu).

18. Die Zimmer sollen bei Neumond gegen Ungeziefer gewaschen werden.

19. Um Mäuse zu vertreiben, legt man bei Neumond das Stroh im Hause um (Bayern). Merkwürdig ist die böhmische Anschauung: Wenn man bei Neumond das Haus reinigt, kommen Spinnen ins Haus.

20. Butter soll im Vollmond gekocht werden; im zunehmenden Mond gekocht, läuft sie über den Topf, im abnehmenden gekocht, ist sie nachher zu schnell verbraucht.

21. Im Sarganserland wird der Wein (helles Wetter vorausgesetzt) im abnehmenden Mond abgezogen, damit sich der „Häpf" setze.

22. Betten soll man zur Vollmondzeit füllen, da sonst die Federn nicht bleiben und die Betten nur so recht voll und weich bleiben (Allgäu, Böhmerwald). Im Tirol geschieht die Füllung der Betten bei zunehmendem Mond.

23. Große Wäsche soll man zur Zeit des Vollmondes nicht anrichten, weil die Wäsche dort schlecht zu waschen ist und nicht im Wasser bleiben will und dann immer wieder an die Oberfläche kommt (Tirol).

24. Wassergräben müssen bei abnehmendem Krebs angelegt werden, dann fressen sie sich selber in die Tiefe (Tirol).

25. Wer ein Haus baut, soll das Fundament und den Keller beim Untergehenden mauern, weil nur so der Keller trocken bleibt. Im Übergehenden dagegen werden Quellen gefaßt und Wasserzuleitungen verlegt, weil sie sonst rasch versiegen. Hochwasser haben die Tendenz, bei Untergehendem zu graben, also die Sohle zu vertiefen und zu wühlen; deswegen soll man auch im „Untergend" den Bachlauf verändern, so nimmt der Bach nachher diesen Lauf an (Vorarlberg).

26. Stalldünger wird im Untergehenden auf die Wiesen gestreut, weil er nur so in den Boden geht, man soll sich aber hüten, „in den Zeichen Waage und Jungfrau zu düngen oder zu heuen, da sonst das Vieh das Heu nicht frißt" (Vorarlberg).

27. Im Vogtland ist es verpönt, bei abnehmendem Mond zu übersiedeln.

28. In Westböhmen soll neuer Dienst nur im zunehmenden Mond angetreten werden.

29. Straßen soll man im zunehmenden Mond bekiesen oder beschottern, da sonst der Kies oder Schotter in den Boden hineingeht (Emmental, CH).

30. Ein Mostfaß (Eichenfaß) darf nur bei untergehendem Mond angestochen werden; der Most würde ansonsten unruhig und der Bodensatz (Trester) wirbelt auf (Alfons Wohlgenannt).

c) Betreuung des Viehs

1. Die Kuh wird am dritten Neumondstag zum Stier geführt — dann trägt sie gleich (Ettenheim).

2. Wie für den Menschen Geburt bei Neumond ungünstig ist, so auch für die Tiere. In Westböhmen (Plan) gibt man Kälber, die fünf Tage vor oder nach Neumond geboren sind , dem Schlächter. Aus Bütz in Mecklenburg wird berichtet, daß man dort glaube, in der Neumondsnacht geborene Kälber würden närrisch.

3. Das Ansetzen der Kälber muß bei zunehmendem Mond geschehen; andernfalls nehmen die Tiere ab und geraten nicht (Mecklenburg).

Ebenfalls hat das Entwöhnen (Absetzen) bei zunehmendem Mond zu erfolgen (Süddeutschland), da die Tiere nur so schön und voll werden.

4. Über die Zeit des Schlachtens ist man nicht überall einer Meinung. Meistens wird der zunehmende Mond oder der Vollmond empfohlen (bei Schweinen); ihr Gewicht sei dann größer und das Fleisch gehe auf, vor allem laufe der Speck nicht aus (Baden). Auch sonst wird das Schlachten von Großvieh bei zunehmendem Mond für richtig gehalten. Begründungen: Bei Neumond sind die Därme für die Würste zu schwach, bei abnehmendem Mond schrumpft das Fleisch zusammen, während bei Vollmond das Vieh am fettesten ist.

5. Dem Großvieh entsprechend wird meist das Federvieh behandelt. Zum segensreichen Gedeihen der Brut ist zunehmender oder voller Mond nötig. Im „leeren“ Mond sind zuviel leere Eier im Neste, ausgebrütete Gänse sind blind und junge bei Vollmond oder abnehmendem Mond ausschlüpfende Hühner gehen bald ein (Schlatt, Baden; Blaubeuren in Württemberg). Gänse müssen wie Schweine bei Vollmond geschlachtet werden, da sie in dieser Zeit am fettesten sind.

6. Landwirte, die auf den Mond achtgeben und die Kühe nur bei abnehmendem Mond belegen lassen, haben mehr Glück mit der Nachzucht von weiblichen Kälbern (Tirol).

7. Die Viehweideeinstellung im Herbst soll bei Vollmond erfolgen, die Tiere bleiben besser bei Leib und auch bei der Milch (Tirol).

8. Singvögel müssen bei stark zunehmendem Mond gefangen werden, dann bleiben sie lebend und vertragen die Gefangenschaft leichter (Tirol).

9. Kühe, Pferde und Schweine sollen bei „sehr krankem“ (stark abnehmendem) Mond nicht belegt werden. Bei zunehmendem Mond („gesunder Mond“) sind alle operativen Eingriffe, Kastrierungen usw. bei den Haustieren vorzunehmen (Tirol).

10. Hornpflege beim Vieh soll im Übergehenden (Steinbock) er-

folgen, damit „sich die Hörner aufwärts schwingen“ (Schweiz).

11. Geschlachtet wird besser im Übergehenden, das gibt mehr und besseres Fleisch; am besten im Zeichen Fische, dann „wird der Speck im Topf aufgehen und groß werden wie ein Fisch“ (Kanton Wallis).

12. Jungfrau und Wassermann sind dazu (Pkt. 11) nicht gut; „damit es an kirnigen, harten Speck abgibt“, weiß der Tiroler Bauer, „soll man ihn bei abnehmendem Mond im Zeichen vom Stoanbock aufhängen“.

d) Besorgung des Gartens und Feldes

1. Bei den Früchten des Gartens und des Feldes wird das Gedeihen nicht allein von der Aussaat bei zunehmendem bzw. über sich gehendem Mond abhängig gemacht; vielmehr gilt fast allgemein die Regel, daß der zunehmende bzw. über sich gehende Mond nur das Wachstum über der Erde fördere. Da manche Früchte, wie Kartoffeln, Zwiebeln, Rüben usw. sich in der Erde entwickeln, wirkt man dem Ins-Kraut-Schießen durch Setzen der Früchte bei abnehmendem bzw. unter sich gehendem Mond entgegen. Halmfrüchte sind also bei zunehmendem Mond, Knollen- und Hackfrüchte bei abnehmendem Mond zu sähen bzw. zu pflanzen. (Eberhardt, Landwirtschaft; Allgäu).

2. Grundregel für den Garten (Vorarlberg): Alles, was in die Höhe wachsen soll (Blumen, Gemüse, Sträucher, Bäume), sät und pflanzt man beim über sich gehenden Mond, dagegen alles, was in der Erde gedeihen soll (Kartoffeln, Rüben, Rettiche, Schwarzwurzeln, Spargel) beim unter sich gehenden.

3. „Böhnli im Obsigent, Zibeli im Nidsigent, süscht chömme si obenuf“, sagt eine Schweizer Bauernregel.

4. Was bei Mondbruch (d.h. in dem Augenblick, in dem der Mond voll geworden ist und nun wieder abnimmt) gesät ist, gerät nicht.

5. Gerste, die am dritten Tag nach Neumond gesät wird, wird in drei Monaten reif (Albis, Zürich). Getreide, besonders Gerste, soll bei zunehmendem Mond gesät werden, es wird viel dichter und im Wuchs länger (Tirol).

6. Im Neumond (vormittags) gesäte Gerste geht aus der Hose, d.h. wird lang; bei Vollmond gesät, bleibt sie nicht im Kropf (Böhmerwald); auch werden dann die Halme schwach (gilt überhaupt für Getreidesaat).

7. Gartensamen muß bei zunehmendem Mond gesät werden (Butjadan); der bei zunehmendem Mond ausgesäte Gemüsesamen soll besser aufgehen (Rheinland, Westfalen).

8. Klee ist bei jungem Licht zu säen (Dülken); andere halten den

abnehmenden Mond für besser, damit der Klee gut Wurzel fasse und nicht auswintere.

9. Hanf muß bei Vollmond gesät werden (Schwaben). Hanf und Flachs sind bei zunehmendem Mond zu pflanzen, zu brecheln und zu spinnen, dann hält es noch einmal so lang (Tirol).

10. Garnsträhne müssen bei abnehmendem Mond gekocht und gewaschen werden, dann wird das Garn fester und stärker (Tirol).

11. Zwiebeln bei Vollmond zu pflanzen hält man teils für richtig, um ihre Dicke zu fördern, teils für falsch, da sie sonst ins Kraut schießen (Dülken). Zwiebeln werden im Steinbock (übergehender Mond) am besten, weil das ein hartes Zeichen ist und sie dann schön fest werden; im Wassermann dagegen faulen sie leicht (Vorarlberg). Als bestes Zeichen für den Garten gilt allgemein die Waage, für alle anderen gibt es teilweise widersprüchliche Regeln (Vorarlberg).

12. Spinat sät man in den Zwillingen (übergehender Mond; Vorarlberg).

13. Türken (Mais) soll nicht im Zeichen der Jungfrau gesetzt werden, denn da gibt es viele Stengel ohne Kolben (Tirol).

14. Kürbisse setzt man drei Tage vor Vollmond (Baden); ebenso müssen bei zunehmendem Mond oder Vollmond alle Blumen gepflanzt werden, deren Blüten recht gefüllt sein sollen (Baden), also Levkojen, Balsaminen, Margeriten (Emmental). Auch bei leeren Blumen, wie Stiefmütterchen und Gänseblümchen wirkt sich das aus (Breslau, Leobschütz). Man pflanzt in der Jungfrau gerne Blumen, weil sie dann kräftig blühen (Vorarlberg), dagegen keine Bohnen, weil sie dann nur viele „leere“ Blüten, aber wenig Frucht bringen (Vorarlberg).

15. Kartoffeln sind im allgemeinen bei abnehmendem Mond (nachmittags) zu legen (Westböhmen, Erzgebirge, Wenden, Schweiz); dasselbe ist gemeint, wenn man in Schönbach den Vollmond für die beste Zeit des Steckens angibt. Kartoffeln soll man im Stier und Löwen stecken und nie im Krebs oder Skorpion (Vorarlberg). Kartoffeln sollen nicht vor dem Maienstier gesetzt werden; übersieht der Landwirt diese Regel und erwischt gar den zunehmenden Mond, so kann er häufeln wie er will, sie kommen doch immer an die Oberfläche (Tirol).

16. Der Kopfsalat macht eine Ausnahme: pflanzt man ihn im Übergehenden, so sagen viele, schießt er in die Höhe und macht keine Köpfe (Vorarlberg.).

17. Allgemein ganz wichtig sind die zwölf Mondzeichen, weil der Mond von ihnen Gutes und Böses annimmt und an die Erde weitergibt. Es gibt also gute und schlechte Zeichen. Als gut gelten im allgemeinen Widder, Stier, Löwe und Waage, als schlecht Krebs und Skorpion (Vorarlberg).

18. Rüben werden im allgemeinen bei abnehmendem Mond gesteckt (u.a. Böhmerwald); ebenfalls sät man den Kohl in dieser Zeit, denn der zunehmende oder volle Mond zieht den Samen aus der Erde (verbreitete Ansicht). Gelbe Rüben, im Übergehenden gesät, bringen üppiges Kraut, aber keine Wurzeln (Vorarlberg).

19. Bohnen und Erbsen geraten nur, wenn sie bei abnehmendem Mond gesät werden. Im anderen Fall blühen sie immer, ohne Hülsen anzusetzen (verbreitete Meinung). Fisolen und Buschbohnen dürfen nicht im aufnehmenden (=zunehmenden) Mond gesetzt werden, sie gehen dann in die Höhe und setzen wenig Blüten an (Tirol). Pflanzt man Bohnen im Untergehenden, so wollen sie nicht an den Stangen hinaufklettern (Vorarlberg).

20. Unklar ist, warum Buchweizen bei abnehmendem Mond (Westpreußen, Brandenburg, Erzgebirge) bzw. bei Mondschein (Oldenburg) zu säen ist.

21. Setzen, Veredeln und Putzen der Obstbäume soll man bei zunehmendem Mond vornehmen. Auch die Vollmondszeit ist geeignet. Bäume, die im Neumond gepflanzt sind, blühen wohl, tragen aber keine Früchte. Will man haben, daß die Bäume ihre Äste herabhängen, so schneide man sie nur bei abnehmendem Mond; sollen sie hinaufstehen, so bei zunehmendem Mond (ein alter Tiroler Bauer behauptet das sogar von einer Trauerweide; er sagt, die ist im falschen Zeichen geschnitten worden).

22. Kommen Hochgewitter und bringen viel Wasser, dann bleibt bei zunehmendem Mond viel Material liegen, hingegen frißt sich das Wasser bei abnehmendem Mond weiter hinein und nimmt das Material mit (Tirol).

23. Auch die anderen landwirtschaftlichen Arbeiten werden vielfach nach dem Mondlauf verrichtet. Jauche soll nur bei übergehendem Mond aufs Feld gefahren werden (Thingau, Reutte), ebenso Dünger, der gleich auseinandergestreut werden muß, da sonst der Wurm ins Getreide kommt (u.a. Freiburg). Grasmähen soll man nicht vor dem dritten Neumondstag, sonst ist die Heuernte nicht ergiebig (Bülach). Andererseits heißt es in Schlesien, der alte Mond sei für die Heuernte günstiger, weil dieses Heu dem Vieh besser bekäme. Ernten soll man nur bei Vollmond (allgemein). In Schönbach (Westböhmen) drischt man bei zunehmendem Mond, da sonst das Brot nicht dauere. Bei Vollmond behackt man weiter Kartoffeln, bei zunehmendem schneidet man Reben (Pfalz), erntet man Obst, schneidet man Hecken, bleicht man Garn (Oberpfalz); bei abnehmendem Mond werden Nesseln zum Trocknen geschnitten.

24. In neueren Versuchspflanzungen, die in Deutschland und der Schweiz vorgenommen wurden, kam auch die klassische Einteilung in Erde-, Wasser-, Luft- und Feuerzeichen wieder zu Ehren. Hier-

nach begünstigen die Erdzeichen Steinbock, Stier und Jungfrau das Wurzelwerk, die dem Wasser zugehörigen Krebs, Skorpion und Fische den Blattbereich, die „luftigen" Waage, Wassermann und Zwillinge die Blüte, schließlich die feurigen Sternzeichen Widder, Löwe und Schütze die Frucht-und Samenentwicklung.

25. Im Mondglauben der unterinntalischen Bauernschaft galten als böse Zeichen Skorpion und Krebs, ihnen folgte der Wassermann, für besonders gute Zeichen wurden Jungfrau, Stier und Löwe gehalten. Zur Ausrottung von Unkräutern bzw. unliebem Gesträuch waren Neumondtage, die im Krebs- und Skorpionzeichen stattfanden, als besonders wirksam erachtet.

26. Obstbäume schneiden (Angaben aus Kärnten, Steiermark, Burgenland):

a) Im Jänner bei abnehmendem Mond und mildem Wetter.

b) Im Feber drei Tage vor oder nach Neumond (Steiermark).

c) Beschädigte Bäume im November 2—3 Tage nach Vollmond bis zum frischen Holz rein schneiden; Wundstelle mit Kuhkot verstreichen und verbinden (Kärnten).

d) Überflüssige Äste schneidet man bei abnehmendem Mond; alles, was wachsen soll, bei zunehmendem Mond (Burgenland).

27. Bäume setzen:

a) Linden bei Vollmond versetzen (Fischer).

b) Im März bei Neumond veredelte Obstbäume (= Pelzer) tragen bald (Burgenland).

c) Obstbäume versetzen im Oktober im letzten Viertel, aber nach dem Laubabfall (Burgenland).

d) Bäume werden bei Vollmond gesetzt, wenn der Saft in der Krone ist, dann wird etwa drei Tage vor Neumond die Krone zurückgeschnitten. Der Saft ist zu dieser Zeit in der Wurzel und die Wunden der Äste bluten nicht (Eder, Hermagor).

28. Bei abnehmendem Monde erledigen:

a) Sauerkraut ernten und einschneiden (Kärnten).

b) Rüben, Möhren, Petersilie, Spinat, Rettiche, Anis, Bohnen, Zwiebeln, Sommergerste, Korn und Weizen einbringen (Richard Wagner).

29. Bei zunehmendem Monde erledigen:

a) Blumen, Salat, Bohnen, Erbsen säen (Lesachtal).

b) Weiden, Reben und alles, was üppig treiben soll, schneiden (Burgenland).

c) Im Juli heuen frühestens drei Tage nach Neumond (Kärnten).

d) Nach dem Neumond im April Kürbisse und Erdäpfel stecken (Kärnten).

e) Was an Samen zeitig ist, nimm bei schönem Wetter bei wachsendem Mond und auch die Gänse kannst du dann rupfen (Bgld.).

e) Körperpflege

1. Haare soll man bei zunehmendem Mond (oder drittem Neumondstag), aber nicht im Zeichen des Krebses oder Fisches (Tirol), schneiden, damit sie recht stark werden (Westböhmen, Heidelberg). Bei abnehmendem Mond geschnitten, wachsen sie nicht mehr nach. Bei Vollmond geschnitten, werden dunkel gefärbte Haare unter dessen Einfluß heller (Sargans).

Wer seine Haare im Steinbock schneiden läßt, läuft Gefahr, daß er bald grau wird, dagegen verspricht das Zeichen Widder dauerhafte Lockenpracht. Männer sollen sich nur — aus einem verständlichen Grund — im Löwen scheren lassen (Vorarlberg).

2. Für das Schneiden der Nägel gilt im allgemeinen dieselbe Anschauung wie für das Schneiden der Haare. „Zehennägel werden im Obsigend geschnitten, damit sie nicht einwachsen. Wenn man dabei das Zeichen Skorpion erwischt, um so besser, da in diesem Zeichen das Wachstum beeinflußt wird“ (Schweiz). Der Skorpion hemmt wie im Garten auch hier das Wachstum. Zehennägel sollen nie im zunehmenden Mond geschnitten werden, sie wachsen dann ins Fleisch (Tirol).

f) Volksmedizin und Mond

Auch in der Volksmedizin gilt durchwegs derselbe Grundsatz der Sympathie: Schäden werden im allgemeinen bei Vollmond bzw. bei abnehmendem Mond geheilt. Flechten (Schuppenflechte u.a.), Ungeziefer, Geschwüre, Würmer, Hühneraugen, Gichtbeulen usw. vertreibt der abnehmende Mond, meist infolge Rezitation von Besegnungen, bei denen Anreden wie „lieber Mond“ usw. ganz typisch sind für die helfende Einwirkung, die man von der Milde des Mondes erwartet. Schwere Krankheiten werden auch wohl drei Monate nacheinander bei abnehmendem Mond besprochen. Dem entspricht, wenn man sich die Gesundheit dadurch zu wahren sucht, daß man bei Neumond zum Mond um solche bittet; daher wendet manches Bannrezept sich auch an den zunehmenden Mond, weil man die Bannung der Krankheit durch unausgesprochene Bitte um Gesundheitszunahme zu erreichen sucht. — Einzelheiten:

1. Warzen weichen, wenn man bei zunehmendem Mond (so!) allein ans Fenster oder ins Freie geht, den Mond ansieht, und, indem man über die Warzen dem Mond zustreicht, spricht: „Was ich abstreif', das verlier' sich, was ich anseh, das vermier' sich“ (Ruppin). Dieser Spruch ist mit mehr oder minder großen Varianten überall verbreitet. Die mit der Bitte um Befreiung von Warzen verbundenen Wünsche nach Vermehrung des Mondes stellen scheinbar eine

Sympathie des Gegenteils dar; es kommt aber nicht so sehr auf das Wegzaubern der Warzen an, als auf eine Steigerung der Gesundheit. Denn in Kneheim bei Cloppenburg (Oldenburg) bestreicht man zur Warzenheilung die Warzen bei Neumond mit Erde und spricht dabei: „Glück und Segen, neuer Mond“, worauf man die Erde, die man in der Hand hat, nach dem Monde hin wirft: das bedeutet, der Mond soll Segen (Gesundheit) geben und das Unheil auf diese Weise nehmen. Ein Rezept aus Baden hat klar erkennbar die Idee der Sympathie zur Grundlage: Gegen Warzen soll man nämlich bei abnehmendem Mond schwarze, schleimige Gartenschnecken im Garten auf einen Stock stecken und sie absterben lassen.

2. Vertreibung von Zahnschmerzen; sie ist neben der Warzenvertreibung mit Hilfe des zu- oder abnehmenden Mondes am meisten verbreitet. In Böhmen heißt ein Spruch: „Mond schwindet, Wurm geh' weg“. Allgemein ist dabei die Verbindung des Zahnschmerzes mit den Spitzen (Hörner) des Mondes; so sagt man z.B. im Vogtland nach dem Neumond: „Mond du spitzt dich, meine Zähne schwitzen mich, spitzt du dich heut oder morgen, meine Zähne sollen nicht mehr schwitzen“. Zahnziehen ist bei zunehmendem Mond schmerzloser (Sargans).

3. Gegen einen dicken Hals (Kropf; dem Mond wird geradezu die Entstehung des Kropfes zugeschrieben) betet man im Frankenwald: „Ich sehe dich an, du neuer Mond, mit deiner goldenen Krone; neuer Mond, ich sehe dich, mein dicker Hals vergehe, mein dicker Hals verschwind, daß kein Mensch weiß, wo er hinkömmt. Amen“. Vgl. einen Spruch aus dem Erzgebirge: „ Der Mond nimmt ab, mein Hals auch“. Benutzt man eine Salbe zur Heilung (Murmeltierfett im Sarganserland), dann muß man die Stelle bei abnehmendem Mond damit bestreichen.

4. Mit Blähhals und Kropf behaftete Personen verspüren bei Vollmond eine Vergrößerung des Kropfes und Verdickung des Halses; das soll wieder besser werden bei abnehmendem Mond und bei Neumond soll der Hals manchmal zur normalen Dicke herabschwinden (Tirol).

5. Wurmvertreibende Mittel nimmt man bei abnehmendem Mond ein, denn bei zunehmendem Mond steigen die Würmer (allgemein verbreitet).

6. Hühneraugen werden ebenfalls im abnehmenden Mond entfernt (Sarganserland).

7. Für Überbeine gilt meist die Bannformel wie für Warzen; sie ist im zunehmenden Mond zu sprechen (Sachsen, Freiburg).

8. Ausschlag (Krätze, Flechte, Grind usw.) bannt man bei zunehmendem Mond mit der bei der Warzenheilung angewandten Formel (Mecklenburg,Sargans).

Der „Griad“ (Vorarlberger Dialektbezeichnung für den „Grind“, eine volkstümliche Bezeichnung für Hautausschläge mit Schuppen-, Krusten-, Schorf- und Borkenbildung) ist eine pilzartige Krankheit des Hausrindes (ansteckend für den Menschen; im Körper nach innen und außen wuchernd), welche seit alters her bei untergehendem Mond (Krebszeichen) mit Ausbeten durch eine(n) erfahrene(n) Grindheiler(in) entfernt wird, was in der Regel sehr rasch hilft (ohne Anwendung von Medikamenten). Die Methode, wie man es genau macht, war nicht zu erfahren, vermutlich, um nicht gegen den Mondglauben zu verstoßen, wodurch der Heilungsverlauf in Frage gestellt wäre. (Alfons Wohlgenannt).

9. Bruchschäden bei Kindern heilt man, indem man sie bei abnehmendem Mond im Schein des Mondes wäscht (Mecklenburg).

10. Aderlassen ist bei zunehmendem Mond anzuraten, da die Gesundheit gefördert werden soll und bei abnehmendem Mond die Gefahr zu großen Blutverlustes besteht (Braunschweig). Die Ärzte und Bader früherer Jahrhunderte nahmen den Aderlaß aber prinzipiell nur bei abnehmendem Monde vor (Hinterseer).

11. Hämorrhoidenknoten soll man bei abnehmendem Mond morgens vor Sonnenaufgang mit Tauwasser waschen (Mecklenburg).

12. Wunden heilen nur bei abnehmendem Mond; man darf sie aber dem Mondschein (wie überhaupt Licht und Luft) nicht aussetzen, denn das Fleisch fault im Mondschein schneller als im Sonnenschein (Idee der Verbindung des Mondes mit den bösen Mächten der Nacht).

13. Zunehmender Mond (Neumond) bringt Schwerhörigen und Bettnässern Vergrößerung ihres Leidens (Tirol).

14. Zunehmender Mond und Vollmond soll für den Schlaf eine Nachwirkung haben, man schläft schlecht und wacht immer wieder auf; hauptsächlich Frauen haben darunter zu leiden (Tirol).

15. Die im Volksmund mit sektisch und grantig bezeichneten Personen (in der Medizin mit hysterisch bezeichnet) sind zur Zeit des Vollmondes gar nicht zum haben und aushalten, alles müht sie und alles bekritteln sie, zur Zeit des Neumondes sind sie dann wieder die besten Leute (Tirol).

16. Gegen Lungenschwindsucht (Tuberkulose) geht man in Böhmen durch folgenden Spruch (bei Neumond oder Vollmond zu sprechen) vor: „Das nei (alte) Licht, das ich anseh, nehme zu an Mark und Bein, an Fleisch und Blut“.

17. Gelegentlich finden sich auch Anweisungen, Krankheiten der Tiere (Seuchen, Abzehrung, Spat (Entzündung der Knochenhaut am Sprunggelenk des Pferdes), Schwindsucht usw.) mit Hilfe der Mondphasen zu heilen. In Sachsen z. B. wird die Heilung auch der Krankheiten von Tieren bei abnehmendem Mond erwartet.

4. Einwirkungen des Mondes auf die irdischen Verhältnisse außerhalb der Sympathie

„Die Astrologie ragt wie ein erratischer Block als Überrest aus alten Zeiten in die unsere, als Zeugnis nicht nur für einen anderen Denkstil, sondern für eine andere Geistigkeit. Mit ihr ist eine Art der Schau verbunden, die von unserer wissenschaftlichen Beobachtung weit getrennt ist; es werden Kräfte durch sie angeregt, die lange brach lagen."

Ernst Jünger (1959)

Mit Recht hat Wolf darauf hingewiesen, daß der sympathetische Mondaberglaube nur einen Teil der umlaufenden Glaubensvorstellungen, wenn auch den größten, enthalte. Neben dem vermeintlichen Zusammenhang zwischen dem Phasenwechsel und dem irdischen Geschehen hat man die Einwirkung seines Lichtes auf Schlafende beobachtet und die Unruhe bemerkt, in die der Schlafende versetzt wird. Diese Wirkung des Lichtes ließ die Menschen schließlich von einer im Mond enthaltenen anziehenden Kraft reden, vermittels derer z.B. der Mond die Menschen aus dem Bett zöge (Westböhmen). Dies ist die volkstümliche (falsche) Erklärung der sog. Mondsucht. Im Mondschein schlafen ist daher gefährlich; Kinder vor allem müssen diesem Einfluß entzogen werden und dürfen nicht in den Mond sehen (Essen, Vogtland). Früher verwendete man das Wort „Mondsucht" für ein Leiden oder Krankheitserscheinungen, die man mit dem Mond und seinen Phasen in Verbindung brachte. Fallsucht und Tobsucht wurden dabei zu den typischen Erscheinungen gerechnet. Im Neuen Testament spricht Matthäus an zwei Stellen von Mondsucht, in 4,24 und 17,15. Im letzteren Text deuten die Symptome auf Epilepsie hin. Im Englischen hat man heute noch die Wörter lunacy (Geisteskrankheit) und lunatic asylum (Irrenhaus), die diese dem Mond (Luna) zugeschriebene Bedeutung bewahrt haben.

Die gemütsstörende Wirkung des Mondlichtes wird immer wieder in den abergläubischen Regeln hervorgehoben. So soll auch das Ehebett vor Mondschein bewahrt werden. Schwängerung bei Mondschein hat blöde und mondsüchtige Kinder zur Folge (Oberpfalz); ebenda, sowie in Schlesien und Böhmen, spricht man davon, daß schwangere Frauen nicht in den Mondschein sehen oder sich von ihm bescheinen lassen dürfen, um Mondsucht des Kindes zu vermeiden. Und wenn ein Mann sein Wasser läßt und danach zum

Weibe geht, so wird es mondschwanger (Oberpfalz); sie gebiert dann eine Mißgeburt, ein Mondkalb, im besten Fall ein blödes Kind. Im Böhmerwald nennt man wetterwendige Leute, besonders hysterische Weiber, wenn Erregtheit sehr deutlich wird, „mondscheini". Erheblich anders wird das Wesen des Mondlichtes aufgefaßt in der Glaubensvorstellung, gewaschene Kinderwäsche dürfe man beim Mondschein nicht im Freien hängen lassen, da derjenige, der im Mondschein Wäsche trockne, Totenwäsche trockne. Die Verbindung von Mond und Tod ist uralt; die Mondgöttin Selene ist im antiken Zauber der Kaiserzeit die Göttin der Friedhöfe und Gräber.

Mondschein und Tod erscheinen noch in folgenden Regeln verbunden:

1. Wer beim Mondschein näht, näht sein Sterbekleid (Hatten, Oldenburg).

2. Im Mondschein darf man nicht spinnen, denn solches Garn hält nicht, und die Spinnerin spinnt für ihr Kind den Strick (Oberpfalz), oder spinnt die Leinwand zu ihrem Leichentuch (Bayern).

Als wirkliche Ursache für die Verbindung von Mondschein und Tod wird im Volksglauben die anrüchige Verbindung zwischen Mond und Zauber sein; Geisterumgang ist für den Christen eben Sünde. Jede Arbeit im Mondschein, also im Bunde mit dem Mond, ist daher wohl gleichbedeutend mit Zauberei. Man vergleiche mit der gegebenen Deutung eine ältere Erklärung: Wer beim Mondschein spinnt und kein Licht brennt, über den hat der Böse Macht, d.h. der wird wegen Zauberei bestraft. (Wolf, Beiträge).

Im Volkslied treffen unter dem Einfluß dieser Beziehungen häufiger die Begriffe „Tod, Kirchhof und Mondschein" aufeinander. Mitternacht ist Geisterstunde; Mondschein lockt die Geister aus den Gräbern zum Tanz. Sein Einfluß ist unabweisbar. Es sind ganz volkstümliche Empfindungen, die Goethe im Totentanz so dramatisch gesteigert gestaltet hat, wenn er das Gerippe des Geistes bei verschwindendem Mondschein mit dem Glockenschlag Eins vom Turm stürzen und zerschellen läßt.

Anhangsweise sei noch bemerkt, daß gelegentlich Mondschein bräunt, bleich macht oder Kropf bewirkt (Thüringen).

5. Die dämonische Natur des Mondes im Zauber

Die am Ende des letzten Abschnitts mitgeteilten Glaubensvorstellungen, die an eine angenommene Einwirkung des Mondlichts auf Irdisches anknüpfen, weisen z. T. auf Zusammenhang mit Geistererscheinungen. Übergangsvorstellungen sind sehr schwer unterzubringen.

Als Übergangsvorstellungen scheinen mehr oder minder folgende Aberglauben charakterisiert werden zu müssen:

1. Wem der Vollmond zum erstenmal über die linke Schulter scheint, dem begegnet ein Unglück (Vollmond = abnehmender Mond; links = Unglücksseite; Erzgebirge).

2. Sieht man das erste Viertel über der linken Schulter, so geht einem alles verkehrt, sieht man es zuerst über der rechten, so hat man Glück (Dresden).

3. Wer vom Vollmond spricht, zerbricht etwas (Erzgebirge).

4. Wenn man sein Wasser läßt, soll man sich nicht gegen den Mond wenden (Wolf).

Ferner spielt der Mond als Dämon im Liebeszauber eine hervorragende Rolle. Tänzer und Gunst werden gerade durch an den Mond gerichtete Zaubersprüche gewonnen (Wuttke). Aus dem Sarganserland teilt Manz ein solches Gebet mit, auf Grund dessen der Mond dem Mädchen den zukünftigen Mann erscheinen lassen soll. Das Gebet heißt:

„O du mi liebä Vollmu,
Laß-m'r im Traum my Schatz vourchu.
Sei-r wyt oder nouch, sei-r rych oder arm,
Sei-r ä Handwärcher oder keina.
Winn-r ä Handwärcher ischt, söll-r sy Wärchzüg mit-m ni,
Winn-r ä keinä-n-ischt, söll-r sus chu."

Damit hängt zusammen, daß ein Mädchen in Bayern seinen Liebsten sieht, wenn es um Fronfasten bei Vollmond in einen Quell, der an einer Erle vorbeifließt, hineinsieht. Ein Gebet, wie das oben angeführte, ist wohl dazu gesprochen zu denken (Wolf).

6. Mond und Tagwählerei

Man hat nicht nur die Phasen des Mondes interpretiert, sondern auch Beziehungen zwischen den Phasen des Gestirns und den Wochentagen angenommen, derart, daß ein bestimmtes Ereignis bei ab- oder zunehmendem Mond in Verbindung etwa mit einem hohen Festtag, einem Mittwoch oder Freitag usw. einen ganz besonders guten Ablauf haben werde (z.B.: Wurmmittel sind bei abnehmendem Mond am besten mittwochs oder freitags zu nehmen; im Erzgebirge läßt man in der Karwoche ungern taufen). Mondschein beim Gange zur Christnacht bringt in Schlesien (Kunzendorf bei Loewenberg) volle Scheuern, in Südtirol und Mecklenburg hingegen heißt es, daß Mondschein in der Christnacht ein unfruchtbares Jahr bringen werde.

Hier handelt es sich wohl jeweils um Vollmond im Sinne des abnehmenden Mondes. Es bedeutet also dasselbe, daß abnehmender Mond, der ins neue Jahr eintritt, den Tod vieler erwachsener Personen im neuen Jahr zur Folge haben werde (Oelsnitz — Vogtland).

Neumond auf Montag (aber auch der Montag allein) oder Freitag bedeutet Ankündigung von Unglück (Oldenburg).

7. Sonstige Weissagungen — Wetterregeln

Steinobst, das im abnehmenden Mond blüht, trägt reich (Blaubeuren, Nagold). Anders im Erzgebirge: Wenn Bäume im Vollmond blühen, gibt es viel Obst, wenn im abnehmenden, so gibt es wenig oder gar nichts (auch in Baden).

Derjenige Monat, in dem zweimal der Vollmond eintritt, soll Mäuseplagen mit sich bringen (Nordthüringen).

Das Erscheinen von Mondhöfen bringt Unglück (Elsaß); ein doppelter Ring (meteorologisch möglich?) ist in der Schweiz früher als ein sicheres Kriegszeichen aufgefaßt worden.

Wetterregeln im Zusammenhang mit dem Mond beschäftigen sich mit Sympathie, Tagwählerei, Farbe und Erscheinungsform des Mondes am Himmel; Beispiele sind unter anderem:

1. Bei Neumond ändert sich das Wetter gern; abnehmender Mond macht wäßrig, bringt Regen; geht hingegen das erste Viertel schön an, bleibt es eine ganze Zeit lang schön (Böhmerwald).

2. Scheint der Mond blaß und gelb, so pflegt bald Regen zu folgen; scheint er rot, so deutet dies auf Wind; ist er weiß und hell, so hat man gutes Wetter zu erhoffen. Die Farben des Mondes ergeben sich infolge der Absorption seiner Strahlen bei vorgelagerten Dunstschichten, die unter Umständen zu Wolkenbildung führen und so das aus der Farbe des Mondes in falscher Ursachenverknüpfung gefolgerte Wetter herbeiführen.

3. Wie der Wind am 3., besonders aber am 4. und 5. Tag nach dem Neumond ist, so weht er den ganzen Monat hindurch.

Wie das Wetter am dritten Tag nach dem Neumond ist, so bleibt es bis zum nächsten Neumond.

4. Liegt der Mond auf dem Rücken, fährt er zu Boot (Mecklenburg, Oldenburg); es gibt Frostwetter, Unwetter, Regen. Liegt er schräge, und zeigt mit der Spitze nach vorn über, so gießt er Wasser aus — es gibt Regen. Steht er steil, so ist er auf dem Trockenen — das Wetter bleibt gut (Mecklenburg). Liegt er auf dem Rücken, so daß man einen Zaum daran hängen kann, so bleibt es lange trocken, denn das Wasser kann nicht ablaufen (Mecklenburg). Steht er auf

der Lecke (d.h. erscheint dem Beschauer die Sichel so: ☾ oder so ☽), wird daselbst auf regnerisches Wetter geschlossen.

5. Ein Hof um den Mond läßt auf baldigen Regen schließen (Westböhmen, Sargans); richtige Schlußfolgerung, da die Federwölkchen, durch deren wie Prismen wirkende Eiskristalle das Mondlicht in der Form eines Ringes — Halo genannt — gebrochen wird, in Verbindung mit Haufenwolken sich zu Regenwolken umwandeln. Der Regen bzw. das Unwetter tritt je nach Gegend und Wetterregel zu unterschiedlichen Zeiten nach der Hofbildung um den Mond ein.

8. Beispiele antiken Volksglaubens

Was der antike Volksglaube über den Zusammenhang zwischen irdischen Vorgängen und Mondphasen sagte, muß mit einigen Beispielen belegt werden, aus denen hervorgeht, daß die Voraussetzungen und z. T. auch die Anwendungen des antiken Mondglaubens die gleichen sind. Die Grundlage ist auch hier der Sympathieglaube; er ist eben einer der „Elementargedanken" der Menschheit, und es überrascht nicht, wenn es auch im Bereich des Griechischen heißt, man solle möglichst bei Beginn des zunehmenden Mondes heiraten (Synodos; Proklos). Ein bekanntes Beispiel für die Geltung des Sympathieglaubens ist die Weigerung der Spartaner, vor Neumond ins Feld zu ziehen, so daß sie zur Hilfeleistung in der Schlacht von Marathon zu spät kamen (Herodot, griechischer Geschichtsschreiber).

Nun ist die Form der Regeln des antiken Aberglaubens, so wie sie von Plinius, Varro, Columella oder von dem Verfasser der Geoponika überliefert werden, schon reifes Produkt der geschichtlichen Entwicklung des Altertums, und in ihnen tritt uns nicht nur griechischer und römischer Volksglaube entgegen, sondern auch philosophische, naturwissenschaftliche und astrologische Spekulation.

Aus den landwirtschaftlichen Schriftstellern werden im folgenden einige Regeln aufgeführt, die man in fränkischer und frühmittelalterlicher Zeit in den Klöstern las. Die lateinischen Zitate aus Plinius und Columella werden durch einige aus Vergil und den Geoponika ergänzt.

Bei Plinius dem Älteren findet sich sehr viel in seiner Naturgeschichte. Er lehrt, daß mit dem Mond das Blut des Menschen ab- und zunehme. Wurmzerfressene Bohnen füllen sich bei wachsendem Mond; bei Vollmond erntet man reichlicher Honig als sonst. Schwangeren und Kindern ist der Vollmond gefährlich; Lastvieh wird gern bei wachsendem Mond augenkrank. Bebrüten von Eiern soll bei Vollmond geschehen, Beschneiden des Viehs bei abnehmendem. Getreide, während des Neumondes gesät, ist vor Insekten geschützt; Bohnen und Linsen sind bei Vollmond zu säen, vor allem letztere, da sie dann schneckenfrei bleiben. Am Neumond geerntetes Getreide bleibt von Krankheit verschont, bei zunehmendem Mond geerntet wiegt es indessen mehr, weswegen man einen Unterschied machen soll in dem für den Verkauf und für den Speicher bestimmten Getreide. Wein muß bei wachsendem Mond gelesen werden, Dung aber wird am besten bei abnehmendem Mond gefahren und gestreut.

Anderes steht bei Columella. Im abnehmenden Mond soll man Trauben zum Einmachen pflücken, auch die zur Mostbereitung. Fisch ist zur selben Zeit einzupökeln. Wiesen werden bei zunehmendem Mond gedüngt usw. — Der Zusammenhang mit der deutschen Vorstellung ist überall mit Händen zu greifen.

Vor allem wird manches Medizinische nicht ohne antiken Einfluß entstanden sein. Denn gerade in der Antike wird dem Mond Einfluß auf Gesundheit und Krankheit zugestanden; z. B. ist die Epilepsie von ihm verursacht, Epileptische heißen lateinisch lunatici.

9. Mondglaube in der Literatur

Nur anmerkungsweise seien hier noch einige Stellen der Literatur genannt, die teils kritisierend, teils durch Übertreibung ironisierend den Mondvolksglauben behandeln.

Dante verbindet den Monduntergang mit dem Hinweis auf die Versetzung Kains in den Mond (Inferno XX), Fischart (Gargantua), Shakespeare (Sturm II, Sommernachtstraum V) und Grimmelshausen kennen die abergläubischen Vorstellungen des Volkes über den Mond ebenso wie Goethe, der in den Gebieten der pseudowissenschaftlichen Literatur ebenso beschlagen war wie in denen echter Wissenschaft; Goethe überbietet in seinem durch Mephisto empfohlenen Sommersprossenrezept den ganzen krausen Kauderwelsch magischer Texte mit den Worten:

„Nehmt Froschlaich, Krötenzungen kohobiert
In vollstem Mondlicht sorglich destilliert,
Und wenn er abnimmt, reinlich aufgestrichen —
Der Frühling kommt — die Tupfen sind entwichen" (Faust II).

Erwähnenswert ist auch Lenaus „Hypochonders Mondlied" mit seiner köstlichen Ironisierung des gefährlichen Gestirns. Indem der Dichter dies „Lied" in der nachdrücklichen Warnung, den Mondeinfluß ja nicht zu unterschätzen, gipfeln läßt, tritt er durch mehr als 20 Strophen hindurch als der „Wissende" auf, der im Flüsterton uns alle die bösen Schandtaten des Mondes ins Ohr raunt und, scheinbar von solchem Wissen bedrückt, sich ereifert ob des Unglaubens der Welt und für sich die Gefahr durch eine „verehrende Hymne" zu bannen sucht, die sofort im Ton umschlägt, als er mit Frohlocken den Mond untergehen sieht: wie ein Kind, das auf seine Tüchtigkeit baut, wenn sein Widersacher sich verzogen hat.

„Weil mich der Mond ins Zimmer glotzend
Nicht schlafen ließ die ganze Nacht,
Hab ich Poet hinwieder trotzend
Dies Lied zum Schimpf auf ihn gemacht.
Noch wüßt ich viel von ihm zu melden,
Doch seh ich dort im Untergang
Hinunterducken meinen Helden,
Bevor ich noch das Schlimmste sang."

Entgegen der These von Wolf gehören aber die Liebes- und Abendlieder, die den Mond erwähnen, fast ausnahmslos nicht hierher; in ihnen haben Gefühlsstimmungen in Schilderungen nächtlicher Landschaft oder Vergleichen mit dem Mond einen Ausdruck gesucht; von Aberglauben ist nirgends die Rede.

10. Mondphysiologie — Einflüsse des Mondes auf den Lebensrhythmus des Menschen

„Mensch und Kosmos sind gleicherweise Symbol und Ausdrucksform der gleichen verborgenen Wirklichkeit".
Shrî Aurobindo Ghose (1949)

Wissenschaft, die sich mit dem Studium des Einflusses eines Aufenthaltes auf dem Mond auf die Funktion des menschlichen Körpers befaßt sowie mit einer möglichen Beeinflussung des Lebens auf der Erde seitens dieses Himmelskörpers.

Ein Gegenstand der Untersuchungen der Mondphysiologie ist der mögliche Einfluß des Mondes auf das Leben auf der Erde.

Bei den meisten alten Kulturvölkern war es unbestritten, daß der Mond die Fruchtbarkeit der Frauen regulierte. Deshalb gab es in fast allen Kulturen Mondgöttinnen als Symbol der Fruchtbarkeit.

a) Zwischen dem Zyklus der Frau und dem Mondlauf bestand schon in der Vorzeit eine enge Beziehung. Heutige Gynäkologen behaupten, daß bei Neumond doppelt so viele Frauen ihre Periode haben als an anderen Tagen, d. h., daß dann die fruchtbaren Tage häufiger in die Zeit des Vollmondes fallen. Auf Helgoland haben die

Frauen die Periode öfters bei Vollmond. Klinikstatistiken schließen den Einfluß des Mondes auf den Zyklus der Frau eher aus; Mittelwerte bei Frauen aus Japan und den USA bezüglich der Menses weichen um zwei Tage voneinander ab.

b) Geburtenhäufigkeit: Das Geburtsgeschehen ist mit dem Mond eng verknüpft. Das beweisen viele Klinikstatistiken. Erste konkrete Hinweise hat man zu Beginn der sechziger Jahre gefunden, welche ergaben, daß auch der Mensch für Einflüsse, die man anscheinend dem Mond zuschreiben muß, nicht ganz unempfindlich ist. 24 Stunden vor Vollmond steigt die Zahl der Entbindungen deutlich an, aber auch um die Zeit des Mondwechsels (Neumond) liegen die Geburtenzahlen höher als üblich.

Bezüglich der Geburtenhäufigkeit sind eingehende Untersuchungen angestellt worden. So wurde bei 500.000 Geburten, die zwischen Anfang 1961 und Ende 1963 stattgefunden hatten (ein Zeitraum, in den genau 37 Mondumläufe fielen), geprüft, ob ein Zusammenhang zwischen dem Stand des Mondes und der Geburtenhäufigkeit bestand. Obgleich von herausragenden Spitzenwerten keine Rede sein konnte, schien es doch, daß in der Periode zwischen dem ersten Viertel und dem letzten Viertel mehr Geburten zu verzeichnen waren als in den zwei Wochen zwischen dem letzten und dem ersten Viertel. In den vierzehn Tagen um Vollmond wurden also mehr Kinder geboren als in den zwei Wochen um Neumond. Eine Erklärung für dieses Phänomen ist noch nicht gefunden. Jetzt wird in verschiedenen Laboratorien der Welt dem Einfluß der Mondbewegung auf andere Phänomene lebender Organismen weiter nachgegangen.

Weiters besagen die Statistiken, daß 60 % aller Geburten nachts, also bei mehr oder weniger starkem Mondlicht, beginnen. Deshalb vermuten die Wissenschaftler, daß der Mond auf das Fruchtwasser in der Gebärmutter ebenso einwirkt, wie auf das Meer bei den Gezeiten.

c) Hautausschläge und Schwellungen werden bei zunehmendem Mond schlimmer, bei abnehmendem hingegen wieder besser.

d) Oft richtet sich unser ganzer Körper nach den Mondzyklen aus; bei Vollmond können z. B. viele Menschen vor Nervosität nicht schlafen.

e) Selbstmordfälle und Brandstiftungen sind bei Vollmond häufiger als sonst.

f) Bluten von Wunden: ca. 80 % aller größeren Blutungen bei Operationen traten um die Zeit des Vollmondes auf.

g) Diesen Einfluß des Mondes fürchteten auch schon die Ärzte und Bader früherer Jahrhunderte: Der Aderlaß, die alte ärztliche (heute kaum mehr angewendete) Behandlungsform verschiedenster Krankheiten, erfolgte früher tunlichst nur bei abnehmendem Mond.

h) Polizeirevierberichte: Um die Zeit des Vollmondes gibt es mehr Notrufe, häufiger Familienstreitigkeiten und mehr spiritistische Sitzungen; diese Vorkommnisse sind tatsächlich schwer nachweisbar.

i) Mondeffekt — Mordrate (Dr. Lieber, USA): Der „Mondeffekt" nach Nervenarzt Dr. Lieber besagt, daß ein Zusammenhang besteht zwischen den Mondphasen und der Mordrate; Morde sind, besonders bei Vollmond, aber auch bei Neumond häufiger als sonst; die Schwerkraft des Mondes ist möglicherweise eine Ursache dafür; Licht und Dunkelheit bei Vollmond bzw. Neumond können dafür verantwortlich sein. Bei sehr sensiblen Menschen (emotional, physisch und psychisch unausgeglichen) können bereits durch sehr geringe Gravitationsschwankungen Veränderungen in der Psyche festgestellt werden, welche sich in aggressivem Verhalten bis hin zu einem Mord äußern können! Diese These ist derzeit aber noch umstritten.

j) Selbstkonditionierungseffekt: Ob jemand gut oder schlecht schläft, Warzen beseitigen kann oder nicht, hängt oft damit zusammen, ob man selbst „daran" glaubt oder nicht; ein Selbstkonditionierungseffekt kann dann tatsächlich vorhanden sein.

k) Warzenbehandlung und Mond: Hier handelt es sich tatsächlich um einen Aberglauben; z. B. soll man in den Vollmond schauen, die Warzen mit den Händen dreimal zurückwerfen usw.; bei der wissenschaftlichen Erprobung dieses Phänomens sind die Warzen jedenfalls geblieben.

l) Farbwahrnehmungen beim Menschen: Hier gibt es eine interessante Tatsache in bezug auf die Beeinflussung durch das Mondlicht: Werden z. B. gelbe Äpfel oder Grapefruits, Pampelmusen und dergleichen gleichbleibend künstlich belichtet, so gibt es folgende Ergebnisse: bei Vollmond erscheinen dieselben Früchte etwas rötlicher, bei Neumond erscheinen dieselben Früchte etwas grünlicher, als wenn sie der Mensch bei derselben künstlichen Beleuchtung anschaut!

m) Prof. Klaus Engels (BRD) wies nach, daß bei Vollmond die Zahl der Verkehrsunfälle, aber auch die Raserei auf den Straßen deutlich zunimmt.

n) Migräneanfälle treten signifikant häufig bei Neumond und Vollmond auf.

o) Schlafstörungen treten bei Vollmond viel stärker auf als sonst. Biochemiker vermuten, daß der Mond chemische Prozesse im Mittelhirn beeinflußt. Dadurch wird die Regulation des Schlaf-Wach-Rhythmus gestört und es verschiebt sich das natürliche Gleichgewicht zwischen dem „Schlafstoff" Serotonin und dem „Wachstoff" Noradrenalin.

11. Einflüsse des Mondes auf die Erde und die Lebewesen

„Es gibt mehr Ding' im Himmel und auf Erden, als eure Schulweisheit sich träumt, Horatio."
William Shakespeare (1602)

a) Erscheinung von Ebbe und Flut: Sie ist der auffälligste Einfluß des Mondes auf die Erdoberfläche und erfolgt zweimal pro Tag, weil sich die Erde einmal pro Tag um 360° dreht. Durch die Auswirkungen von Zentrifugalkräften kommt es zur Bildung von Flutbergen mit maximal 14—15 m Höhe (Golf von Maine, Fundybai): Springtide.

b) Bewegung der Erdkruste: Die Erdkruste wird durch die Anziehungskraft des Mondes maximal 30—40 cm gehoben! Die Messungen erfolgten vor allem mit einer Laserkanone, von der Licht auf einen geostationären Satelliten in 36.000 km Höhe ausgesendet, reflektiert und wieder auf der Erdoberfläche aufgefangen wurde. Dabei wurden Differenzen bis maximal 40 cm gemessen.

c) Wetterbeeinflussung: Einflüsse des Mondes auf das Wetter sind wissenschaftlich nicht nachweisbar! Auch die Wetterumschläge bei Mondwechsel (Voll-, Neumond) sind wissenschaftlich nicht nachweisbar. Das Mondlicht bei Vollmond bewirkt auf der Erdoberfläche eine Temperaturveränderung von maximal 1/100° Celsius, und die Anziehungskraft des Mondes bewirkt maximal 1 Millibar Luftdruckveränderung; beide Faktoren können unser Wetter also praktisch nicht beeinflussen.

d) Regenmengen: Es besteht jedoch ein Zusammenhang zwischen Mondphasen und den Niederschlagsmengen! Die Niederschlagsmengen sind bei Vollmond größer; für die Wettervorhersage sind diese jedoch nicht nutzbar, da die Erscheinungen zu unregelmäßig auftreten. Hypothese zur Erklärung der Mondbeeinflussung bei der Regenmenge: Der Mond kann den kosmischen Staubeinfall um die Erde steuern; der Staub ist die Ursache für die vermehrte Bildung von Kondensationskeimen für Regentröpfchen. Messungen ergaben, daß es bei Vollmond durchschnittlich um 25 % mehr Regen gibt als eine Woche später.

e) Gravitationskraft Mond zu Erde: Jeden Tag werden wir (durch die Gezeiten) zweimal etwas mehr angezogen; bei Vollmond etwas mehr, nämlich um 0,3 Millionstel der normalen (irdischen) Schwerkraft; das bedeutet umgerechnet, wenn man ca. einen Meter in die Höhe steigt, daß sich die Schwerkraft der Erde um dieselbe Größe verringert! Bei Vollmond ist die Anziehungskraft des Mondes um eben diesen Wert höher.

f) Bewegung der Pflanzensäfte: Der tatsächliche Einfluß des Mondes (Vollmondes) auf das Hochziehen der Säfte in den Pflanzen entspricht jener Änderung, wenn z. B. ein Blumentopf einen Meter höher gehoben bzw. einen Meter tiefer gesenkt wurde. Es gibt jedoch viele Regeln für das Anpflanzen von Wurzel- und Blattgemüse, welche durchaus ihre Berechtigung haben. Der Mond besitzt nämlich, wenn wir die Erde global betrachten, bei dieser großen Oberfläche der Erde die Kraft, die Meereswassermassen zu einem Flutberg zusammenzuschieben und die Erdkruste als solche anzuheben, weil der Mond um die Erde herumwirkt.

g) Ein Beispiel für den Zusammenhang zwischen dem Stand des Mondes einerseits und dem Verhalten lebender Wesen andererseits liefern die Palolowürmer. Dies ist eine Art von Borstenwürmern, die in der Umgebung der Samoa-Inseln im Stillen Ozean zu Hause sind. Einmal im Jahr stoßen diese Tiere ihre Hinterleiber ab. Diese bewegen sich, gefüllt mit Geschlechtsprodukten, selbständig durch das Wasser und sorgen unabhängig für die Fortpflanzung ihrer Art. Dies geschieht immer während eines letzten Mondviertels, das auf Ende Oktober oder Anfang November fällt. Warum dieser Prozeß mit Vorliebe gerade im letzten Viertel vor sich geht und nicht bei einer anderen Mondphase, ist ein Rätsel, das noch niemand ergründen konnte.

h) Ährenfische an der Pazifikküste Kaliforniens: Sie pflanzen sich bei Vollmond auf dem schlammigen Festland fort; dabei graben die Weibchen ein Loch in den Sand und die Männchen befruchten danach die Weibchen bzw. die Eier. Exakt am nächsten Neumond schlüpfen die jungen Ährenfische und lassen sich dann durch die Gezeiten ins Meer spülen.

i) Der Aalzug nach den Antillen und zurück vollzieht sich alljährlich genau nach dem Mondstand.

j) Einstundenmücke (Clunio) auf Helgoland: Hier gibt es eine hohe Springflut, daher muß während der Ebbe die Befruchtung und Eiablage erfolgen; das Weibchen stirbt etwa eine Stunde nach dem Ausschlüpfen (daher der Name „Einstundenmücke"). Die Einstundenmücken benützen das Vollmondlicht als Auslöser zum Ausschlüpfen.

k) Nachtschwalbe (Ziegenmelker): Sie legt ihre Eier stets nur im letzten Mondviertel ab; verpaßt sie nach ihrer Rückkehr aus dem Süden den ersten Termin, so wartet sie einen vollen Monat, um mit der Brut zu beginnen.

l) Laichen des Seeigels: erfolgt stets nur bei Vollmond, gleichgültig, ob der Himmel bewölkt ist oder nicht.

m) Farbwahrnehmungen bei Aquarienfischen (Guppys, Skalare): Das folgende Phänomen wurde bereits in den vierziger Jahren entdeckt und Anfang der achtziger Jahre am Institut Göttingen (BRD) untersucht. Sowohl Guppys als auch Skalare stellen sich bei Lichteinfall schräg zum Licht hin. Zur Vollmondnacht nehmen Guppys und Skalare die Farbe „Gelb“ besonders deutlich wahr, zur Neumondnacht hingegen nehmen dieselben Fische die Farbe „Violett“ besonders deutlich wahr. Diese Fische richten sich also nach dem Mondlicht, obwohl sie den Mond selbst nie gesehen haben. Die Ursache ist jedoch weniger der Lichteinfall, als vielmehr die Erschütterung der Erdrinde (Bodenvibration) durch die Mondgravitation.

n) Erster Landgang der Fische (Evolutionsschub): Vor etwa 400 Millionen Jahren erfolgte der erste Landgang der Fische (vom Meer ans Land), ähnlich wie heute bei den Schlammspringern in Malaysia in der Mangrovezone. Dieser Landgang ist nur in der Schlammzone der Gezeiten möglich. „Der Mond hat uns (wegen der Gezeiten) aus dem Wasser gezogen!“ Der Landgang der Wirbeltiere, und damit auch die folgende Weiterentwicklung bis zum Menschen, wurde damals also durch die Gezeitenkräfte des Mondes ermöglicht, welche damit für die Evolution der Wirbeltiere zu einem bedeutenden Faktor wurden.

o) Einflüsse des Mondes auf das Bachbett:

Abnehmender Mond: Bei hochwasserführenden Gebirgsbächen erkennt man deutlich, daß das Bachbett ausgeräumt wird und an den Ufern Unterspülungen und Schäden entstehen.

Zunehmender Mond: Die Bäche werden mit Kies und Steinen gefüllt.

12. Der Mondglaube bei den Alemannen

Ist das, von dem in diesem Bericht erzählt wurde, überhaupt Astrologie? Die Astrologie wird als „Lehre vom angeblichen Einfluß der Gestirne auf irdisches Geschehen“ definiert; insoferne gehören zu ihr auch viele Bauernregeln, die vom Einfluß des Mondes auf die Natur, den Pflanzenwuchs, das Holz, auf Erdreich und Gewässer lehren. Auch der Mond ist ja ein „Gestirn“, ein Himmelskörper, wenn wir ihn heute auch nicht mehr als Planeten, sondern als Trabanten der Erde bezeichnen. Die Bauernregeln bewegen sich auf dem weiten, zwielichtigen Feld zwischen schierem Aberglauben und einem aus Erfahrung gewachsenen Wissen; ein großer Teil von ihnen wurde aus dem Altertum überliefert und überschrieben. Ein Kronzeuge für und gegen die Astrologie ist Johannes Kepler, der einmal von der „Hure Astrologie, die ihre ehrbare Mutter Astronomie ernähren muß“ sprach. Goethe schrieb am 8. Dezember 1798 an Schiller: „...

Die Erfahrung spricht, daß die nächsten Gestirne einen entschiedenen Einfluß auf Witterung, Vegetation usw. haben, man darf nur stufenweise immer aufwärts steigen, und es läßt sich nicht sagen, wo diese Wirkung aufhört . . . Diesen und ähnlichen Wahn möchte ich nicht einmal Aberglauben nennen, er liegt unserer menschlichen Natur so nahe, ist so leidlich und läßlich als irgend ein Glaube".

Unser Wort „Laune" ist eine natürliche Tochter der lateinischen Frau „Luna". Der Mond ist außerdem der älteste Zeitmesser des Menschen. „Mond" und „Monat" sind sprachlich innig verwandt oder bedeuten dasselbe, das lateinische Wort „mensis" = Monat wie die griechische Mene gehen zurück auf einen alten Wortstamm „me", der auch in unserem „messen" und „Maß" fortlebt. Man zählte die Tage von Neumond zu Neumond oder Vollmond zu Vollmond, in alten Bauernregeln ist die Rede vom leeren, neuen, jungen, wachsenden, vom Vollmond, der abnimmt, alt wird und wieder stirbt. Seine sich stets wandelnde Lichtgestalt war einmal das spektakulärste Geschehen am Himmel überhaupt.

Es gibt für viele Bauernregeln auch Beispiele, die das Gegenteil behaupten (siehe im Inneren dieses Berichtes). Eine Merkwürdigkeit des Mondglaubens gibt es: Wie bei den alten Völkern beobachtet man auch heute noch fast überall nur den ab- und zunehmenden Mond. Es hat den Anschein, daß der über- und untergehende Mond nur im alemannischen Raum bekannt ist und beachtet wird, wenigstens waren Bauernregeln über ihn nur in der Schweiz, in Vorarlberg, in Südbaden, im Allgäu und Lechtal zu finden. Die Regeln vom ab- und zunehmenden Mond entsprechen weitgehend denen vom über sich und unter sich gehenden. Weil aber, wie erwähnt, beispielsweise ein zunehmender Mond über sich und unter sich gehen kann, gibt es Tage des Widerspruchs: eine Vorarlberger Bäuerin wird an einem bestimmten Tag im übergehenden Mond Bohnen stecken, ihr Tiroler Schwager aber auf keinen Fall, weil der Mond abnimmt.

„Lueg nid uf Stier und Skorpio, nu dyn Verstand muest walte lo", sagt man in der Schweiz. Der Dornbirner Dichter Armin Diem schrieb einmal ähnlich: „ . . . gang nid gär z'viel nach om Mo, kast de üborall seaha lo!" (Aus: Armin Diem, „Sinnspruch"). Sein großer englischer Dichterkollege Shakespeare ist da anderer Meinung: „Es gibt mehr Ding' im Himmel und auf Erden, als eure Schulweisheit sich träumt."

Der bodenständige Alemanne aber sagt: „ . . . wenn man nur von einer Sache richtig überzeugt ist und an sie glaubt, erlebt man auch die Bestätigung und den Erfolg, und — dieser gibt einem immer recht!"

13. Kalender, Kalenderreformen, Bauernregeln und Lostage

Kalender sind die astronomisch begründeten Festsetzungen zur Einteilung der Zeit, insbesondere nach Sonnen- und Mondjahren. Das aus zwölf Mondumläufen zu je 29½ Tagen und somit aus 354 Tagen bestehende Jahr heißt M o n d j a h r . Es wird noch heute in China, im Vorderen Orient und in vielen islamischen Ländern zur Zeiteinteilung verwendet. Da es elf Tage kürzer ist als das Sonnenjahr, läuft sein Anfang in 33 Jahren durch alle Jahreszeiten. Viele Völker haben daher versucht, Jahre mit 12 und 13 Monaten abwechseln zu lassen (gebundenes Mondjahr, Lunisolarjahr), um so den Anschluß an das Sonnenjahr zu erreichen. Beim S o n n e n j a h r werden die Monate nur als Unterabteilungen des Jahres aufgefaßt und haben ihre Beziehung zum Mondlauf verloren. Neben den rein praktischen Bedürfnissen haben überall religiöse Vorstellungen in der Entwicklung des Kalenders eine Rolle gespielt.

a) Julianischer Kalender:

Unser jetziger Kalender hat sich aus dem römischen Kalender entwickelt. Er beruhte im alten Rom auf dem Mondjahr, wobei von Zeit zu Zeit Monate eingeschaltet wurden. Hierdurch entstanden Unstimmigkeiten, die Julius Caesar 46 v. Chr. durch Einführung des Julianischen Kalenders beseitigte. Aus dem ägyptischen Kalender wurde die Schaltung eines Tages in den durch vier teilbaren Jahren übernommen. Von nun an zählt ein gemeines Jahr 365 Tage, jedes vierte Jahr als Schaltjahr 366 Tage. Die mittlere Jahreslänge ist mit 365¼ (= 365,25) Tagen jedoch um 11 min 12 s gegen das tropische Jahr = Sonnenjahr (= 365,2422 Tage) zu groß.

b) Gregorianischer Kalender:

Im Jahre 1582 führte daher Papst Gregor XIII. ein genaueres Einschaltungsverfahren ein: Der alle vier Jahre eintretende Schalttag (24. Februar) fällt bei dem vollen Jahrhundert aus, mit Ausnahme des durch 400 teilbaren (wie z. B. 1600, 2000, 2400 usw.). Die durchschnittliche Jahreslänge wurde auf 365,2425 Tage festgesetzt. Papst Gregor XIII. ließ bei seiner Kalenderreform 10 Tage streichen: Auf den 4. Oktober 1582 (= letzter Tag des Julianischen Kalenders) folgte sofort der 15. Oktober 1582 (= erster Tag des Gregorianischen Kalenders). Durch die Einführung des sehr genauen Gregorianischen Kalenders im Jahre 1582 beträgt die Abweichung gegenüber der astronomischen Zeitdauer nach insgesamt 3333 Jahren erst einen Tag! Einen noch genaueren, aber komplizierteren Kalender haben nur die Azteken entwickelt! Dieser Gregorianische Kalender wurde sofort in den erzkatholischen Ländern Italien, Spanien und Portugal, sehr bald danach in den übrigen katholischen Ländern eingeführt. Die evangelischen Länder folgten erst viel später (Deutschland 1700, England 1752, Schweden 1753), die UdSSR erst im Jahre 1918.

c) Jahreslängen:

1 Mondjahr: 354 Tage (= 29,5 Tage = 1 Mondmonat x 12).
1 Julianisches Jahr: 365¼ = 365,25 Tage.
1 Gregorianisches Jahr: 365,2425 Tage.
1 Sonnenjahr (= 1 tropisches Jahr): 365,2422 Tage (mittlere Sonnentage); ein Sonnenjahr ist die Zeitspanne zwischen zwei aufeinanderfolgenden Durchgängen der Erde durch den Frühlingspunkt. (365d, 05h, 48min, 46s).
1 Sternjahr (= 1 siderisches Jahr): 365,2564 Tage (mittlere Sonnentage); ein Sternjahr ist die genaue Zeitdauer eines Umlaufes der Erde um die Sonne (365d, 06h, 09min, 09,35s).
1 Bürgerliches Jahr: 365 Tage (Gemeinjahr, Normaljahr);
366 Tage (Schaltjahr).

d) Auswirkungen der Kalenderreformen auf das bäuerliche Jahr:

Viele Leute sagen: „Die Bauernregeln stimmen ja gar nicht!“ Das stimmt in vielen Fällen auch. Sie können ja oft gar nicht stimmen, wenn sie an feste Tage des heutigen Kalenders für das Sonnenjahr gebunden sind. Und dieser Kalender für das Bürgerliche Jahr mußte notwendigerweise mehrmals geändert werden, um das Sternjahr (siderische Jahr) mit seiner Länge von 365.2564 Tagen (20min 23,35s länger als das tropische Jahr) für die praktischen Bedürfnisse anzugleichen. Die Sonne zeigt uns in ihrem Laufe über den Himmel die großen Abschnitte des Jahres, die vier Jahreszeiten, zwischen den Sonnenwenden und Tag- und Nachtgleichen, an. Die Julianische Kalenderreform 46 v. Chr. ließ das Jahr mit dem 1. Jänner beginnen. Das Sonnenjahr hat aber seinen natürlichen Beginn, da die Sonne ihren Tiefpunkt zur Wintersonnenwende am 21. 12. erreicht hat und nun „das neue Licht geboren wird“; darum singt auch Brünhild im Nibelungenlied:

„Heil Dir, Sonne!
Heil Dir, Licht!
Heil Dir, Leuchtender Tag!“

Durch die Einführung des Gregorianischen Kalenders (= unseres heutigen Kalenders) 1582 an Stelle des Julianischen Kalenders wurde das laufende Jahr gleich um zehn Tage beschnitten. Wenn es daher z. B. vom St. Veits-Tage (Vitus, 15. Juni) heißt:

„St. Veit wendet die Zeit,
Alles geht auf die andere Seit'!"

so ist das für den 15. Juni ziemlich sinnlos; aber etwa zehn Tage danach haben wir die Sommersonnenwende und da paßt der Spruch schon besser hin.

Bei sämtlichen Bauernregeln ist zu beachten, sofern sie sich auf ein bestimmtes Datum beziehen, daß sie sich je nach der Zeit ihrer Entstehung zum Teil auf den Gregorianischen, zum größeren Teil aber auf den Julianischen Kalender beziehen und daß der Julianische Kalender bei der Kalenderreform um zehn Tage gegen die richtige Zeit (= Sonnenzeit) im Rückstand war.

Außerdem wurden einige Heiligenfeste umgelegt, was zwangsläufig eine Reihe von weiteren Unklarheiten in das ganze System der Bauernregeln brachte.

Darum wundert einen die Klage des Landvolkes von 1582 wahrlich nicht:

„O'Papst, was hast Du angericht'
mit Deinem heillosen Gedicht,
daß Du verkehret hast die Zeit
und irrgemacht uns arme Leut'!
Daß wir nunmehr kein Wissen haben,
wann man soll pflanzen, säen und graben.
Haben uns gericht' in das Jahr,
nach unsern Bauernregeln gar."

Der Ostertermin (und damit viele nachstehende Feiertage des Kirchenjahres) wird auch heute noch nach dem Mondstand ermittelt. Ostern fällt auf den ersten Sonntag nach dem (ersten) Frühlingsvollmond.

Leider stimmen Sonnen- und Mondjahr nicht zusammen und passen nicht in das Bürgerliche Jahr. Der Bauernkalender darf daher nicht an einen starren Kalender gebunden sein und die Regeln sind dem Laufe der Himmelskörper gemäß anzuwenden. Es sind eben Regeln und nicht Gesetze.

e) Los- und Schwendtage:

Lostage: Bei den Lostagen handelt es sich meist um Wetterprognosen (z. B.: „St. Makarius macht es wahr, ob September trüb oder klar"). Früher waren Lostage mit Glück verbunden (Los fällen); heute haben sie eine neutrale Wertung. Die Lostage sind außerdem für die Landwirte wichtig zum Säen und Ernten.

Schwendtage: Durch die Kalenderreform von 1582 wurden viele Heiligentage zu Los- und Schwendtagen. Schwendtage sind Unglückstage. Davon soll es im Jahr 42 geben. Fünf Tage davon sollen schlimm, weitere drei Tage noch schlimmer und ein Tag, bzw. eine Stunde, genannt die Schwendstunde, besonders böse sein. Wer sich in dieser Zeit verletzt, dem soll nicht mehr zu helfen sein. Alle Unternehmungen sollen zu dieser Zeit schief gehen. Ein Baum, in der Schwendstunde angehackt, stirbt ab usw. Der 3. April, der 1. August und der 1. Dezember sind besonders gefürchtete Schwendtage.

14. Die Einteilung des Tierkreises

a) Zweiteilung

in Tages- und Nachtzeichen (= männliche und weibliche Zeichen). Sie wechseln einander im Tierkreis regelmäßig ab.

1. Tageszeichen (männlich)
Widder, Zwillinge, Löwe, Waage, Schütze, Wassermann
Diese Zeichen sind eher aktiv, tätig; es sind Trockenzeichen.

2. Nachtzeichen (weiblich)
Stier, Krebs, Jungfrau, Skorpion, Steinbock, Fische
Diese Zeichen sind eher passiv, zurückhaltend; es sind Feuchtzeichen.

b) Dreiteilung

1. Kardinalzeichen (Hauptzeichen)
Widder, Krebs, Waage, Steinbock
In ihnen steht die Sonne an Wendepunkten bzw. am Beginn neuer Phasen (Jahreszeiten). Alle Kardinalzeichen sind aktiv und belebend.

2. Fixierte Zeichen (nachfolgende Zeichen)
Stier, Löwe, Skorpion, Wassermann
Jedem Kardinalzeichen folgt ein fixiertes Zeichen, das seine Wirkung festigt. Die fixierten Zeichen sind daher starr, fest, unveränderlich und beharrlich.

3. Veränderliche Zeichen (fallende Zeichen)
Zwillinge, Jungfrau, Schütze, Fische
Sie folgen nach den fixierten Zeichen. Die veränderlichen Zeichen mischen sich schon mit dem nächsten Zeichen (Kardinalzeichen) und gelten daher als wandelbar und unbeständig.

c) Vierteilung

Entspricht den vier Elementen und damit den vier Grundkräften in der Natur. Jede dieser vier Zeichengruppen enthält je ein Kardinalzeichen, ein fixiertes und ein veränderliches Zeichen (Kar), (fix), (ver):

1. Feuerzeichen
Widder (Kar), Löwe (fix), Schütze (ver)
Begünstigen die Frucht- und Samenentwicklung, günstig für Holzarbeiten. Das Feuer ist aktiv, durchdringend, expansiv, heiß. Überall dort, wo sich etwas in Aktivität und Ausdehnung befindet, wirkt diese Grundkraft.

2. Wasserzeichen
Krebs (Kar), Skorpion (fix), Fische (ver)
Begünstigen den Blattbereich. Günstig auch für Arbeiten an Brunnen und Quellen. Das Wasserelement ist der Gegensatz zum Feuer, darunter versteht man Implosion, Zusammenziehung, Magnetismus, Kälte. Überall wo sich diese Dinge zeigen, ist das Wasserelement in Wirkung.

3. Luftzeichen
Waage (Kar), Wassermann (fix), Zwillinge (ver)
Begünstigen die Blüte. Günstig für alles, was trocknen soll. Das Luftelement ist sozusagen das ausgleichende Bindeglied zwischen Wasser und Feuer und wird als das vermittelnde Prinzip bezeichnet.

4. Erdzeichen
Steinbock (Kar), Stier (fix), Jungfrau (ver)
Begünstigen das Wurzelwerk. Günstig für Garten- und Feldarbeit. Das Element der Erde ist materiell, fest verankert, bodenständig, pünktlich, zuverlässig, gründlich, hart, zäh, aber auch schwerfällig, starr, besitzend, träge, schwermütig.

Die Tierkreiszeichen im Jahresablauf

Widder	Stier	Zwillinge	Krebs	Löwe	Jungfrau

Feuer Tag männl. Kar.	Erde Nacht weibl. fix.	Luft Tag männl. ver.	Wasser Nacht weibl. Kar.	Feuer Tag männl. fix.	Erde Nacht weibl. ver.

Waage	Skorpion	Schütze	Steinbock	Wasser- mann	Fische

Luft Tag männl. Kar.	Wasser Nacht weibl. fix.	Feuer Tag männl. ver.	Erde Nacht weibl. Kar.	Luft Tag männl. fix.	Wasser Nacht weibl. ver.

Setzen oder Säen von Gartenpflanzen

	Tierkreiszeichen	Element-zeichen	Es werden begünstigt
◡	Steinbock Wassermann Fische Widder Stier Zwillinge	Erde Luft Wasser Feuer Erde Luft	Wurzeln, Knollen, Zwiebeln Blüte Blatt Samen, Früchte Wurzeln, Knollen, Zwiebeln Blüte
◠	Krebs Löwe Jungfrau Waage Skorpion Schütze	Wasser Feuer Erde Luft Wasser Feuer	Blatt Samen, Früchte Wurzeln, Knollen, Zwiebeln Blüte Blatt Samen, Früchte

III.
Praktische Ratschläge zu den verschiedenen Mondstellungen

(Ohne Gewähr)

Zunehmender Mond ☽

(Phase von Neumond bis Vollmond; zunehmender Halbmond)

● Wasserquellen nachgraben ● Wasserleitungen reparieren ● pflanzen und säen, was Frucht über der Erde tragen soll (Ährenfrüchte, Gemüse, Blumen, Sträucher, Bäume) ● Heilkräuter sammeln ● Reben schneiden, Hecken schneiden, Obst ernten ● Bäume schneiden — Äste stehen hinauf ● Blumen veredeln ● Getreide dreschen ● jetzt gesetzte Kartoffeln kommen immer wieder an die Oberfläche ● Bäume setzen, putzen und veredeln im Zeichen Widder oder Löwe (Fruchtbäume) ● alles, was aus der Erde heraus soll, beginnen (besonders in der zweiten Hälfte) ● Kraut einhobeln und einbeizen im Zeichen Steinbock, Waage oder Schütze ● alle Blumen pflanzen, deren Blüten gefüllt sein sollen (Levkojen, Balsaminen, Margeriten) ● Düngen im Herbst ● Kälber ansetzen — Kälber entwöhnen (absetzen) ● Eigelege von Hühnern, Enten und Gänsen bebrüten ● operative Eingriffe bei Haustieren vornehmen ● feucht eingebrachtes Heu wird grau und schimmelig ● Misthaufen im freien Feld ansetzen — bleibt feucht und saftig — Gurken oder Kürbisse darauf pflanzen ● Brennholz im ersten Viertel schlagen ● Holz hacken im ersten Viertel ● jetzt gefälltes Holz reißt leichter auf ● Holz für Pfahlgründungen im Wasser (Schiffs-, Badestege) im Vollsaft im Sommer fällen und gleich einbauen ● jetzt gefälltes Holz trocknet schlecht und wird eher von Ungeziefer befallen ● Grundsteine zum Uferschutz einbauen ● Hochwasser füllt Bäche auf; hinterläßt Sand und Steine ● Zahnziehen ist schmerzloser ● Hautausschläge und Schwellungen werden schlimmer ● Haare schneiden (wachsen schneller; werden stark) ● jetzt geborene Kinder gedeihen physisch und psychisch gut ● neuen Dienst antreten ● backen in den kardinalen Zeichen: Widder, Krebs, Waage, Steinbock ● alles beginnen, was zunehmen soll, in dieser Phase ● Ehekontrakte aufsetzen ● Hochzeiten feiern ● Verträge schließen ● Phase der Kraftentfaltung, Wachstumszunahme und Erneuerung.

Vollmond (Nachtsonne)

● Höchstmaß an Kraftentfaltung ● Gemüseaussaat zwei Tage vor Vollmond ● die beste Saatzeit allgemein ist etwa elf Tage vor bis etwa sieben Tage nach dem Vollmond ● ernten (wenn möglich, nur bei Vollmond) ● Kürbisse drei Tage vor Vollmond setzen ● Kohl, Kraut, Salat kurz vor Vollmond im Zeichen Krebs säen ● Heilkräuter sammeln ● Obstbäume verpflanzen ● Linden versetzen ● Hanf und Flachs säen ● Gemüse ernten (die ersten Tage nach Vollmond; es bleibt haltbarer) ● Erntekartoffeln kurz nach Vollmond legen ● Mist- und Komposthaufen ansetzen, zwei Tage vor Vollmond festtreten (faulen schneller zusammen, bleiben saftig) ● Tiere schlachten ● Christbäume im Dezember drei Tage vor Vollmond fällen (behalten lange Zeit die Nadeln) ● Viehweideeinstellung im Herbst (Vieh behält den guten Leib und gibt viel Milch) ● gutziehende Kamine bauen (am Vollmondtag) ● Holz, bei Vollmond gefällt, ist schlecht ● Blutungen sind jetzt stärker ● die fruchtbaren Tage fallen häufig in die Zeit des Vollmondes ● die Zahl der Entbindungen ist häufiger ● Betten füllen ● dunkle Haare, im Vollmond geschnitten, werden heller ● Vorsicht vor Gereiztheit — der Vollmond ist erregend; viele Menschen sind enthemmter als sonst ● viele Menschen können (aus Nervosität) nicht schlafen ● Selbstmordfälle und Brandstiftungen sind häufiger.

Abnehmender Mond

(Phase von Vollmond bis Neumond; abnehmender Halbmond)

● pflanzen, säen, was Frucht u n t e r der Erde tragen soll (Knollen- und Hackfrüchte) ● Kartoffeln legen (Stier, Löwe; nicht vor dem Maienstier; nie im Krebs oder Skorpion) ● Kopfsalat pflanzen (große Köpfe; schießt nicht aus) ● Bohnen und Erbsen säen (sonst blühen sie, ohne Hülsen anzusetzen) ● Bäume schneiden — Äste hängen herab ● Früchte trocknen bei Mond in den Feuerzeichen (Widder, Löwe, Schütze) ● alles angehen, was schwinden soll (Unkraut vertilgen, schnellwüchsige Hecken schneiden) ● jetzt Geschnittenes wächst langsamer ● düngen im Frühjahr ● Kühe belegen (ergibt Glück mit der Nachzucht von weiblichen Kälbern) ● Unkraut vernichten (bei über sich gehendem Mond) ● Rettiche, Rüben säen (besonders in der zweiten Hälfte) ● konservieren, einmachen, Marmelade einkochen, besonders in den Zeichen Stier, Skorpion, Wassermann ● Zaunsäulen setzen (werden fest und wachsen ein) ●

Obst abnehmen (in der zweiten Hälfte) — hält sich lange ● Heu trocknet — auch feuchter als üblich eingebracht — im Heustock aus ● Weinreben zurückschneiden ● Most machen und anstechen ● Sellerie, Spargel, Schwarzwurzel, Wintersaat säen ● Wein abziehen ● Dachdecken (bei Mondstellung im Stier, Löwe, Skorpion, Wassermann) ● Laufplatten im Garten oder Fußwege verlegen (wachsen ein und bleiben fest) ● Sandstraßen aufkiesen (wächst besser in den Boden ein) ● Holz nach dem Sägen und Spalten unter Dach aufrichten — das gibt schnell trockenes Holz ● Holzfällen (fault nicht; wird nicht von Würmern zerfressen) ● Dachschindeln aufnageln ● Zeit für alles, was in die Erde hinein muß bzw. was sich unter der Erdoberfläche entwickeln muß ● Wassergräben anlegen im Zeichen Krebs ● Boden von Wassergräben aufhacken im Zeichen Krebs — kommendes Hochwasser schwemmt sie aus und vertieft sie ● Hochwasser spült die Bäche aus, hinterläßt wenig Sand ● Keller ausheben ● Wäsche waschen — Schmutz löst sich leichter ● feuchte Zimmerwände kalken — werden trocken ● geschnittene Haare wachsen sehr langsam ● Zehennägel schneiden — wachsen nicht ein ● Hühneraugen entfernen ● wurmvertreibende Mittel einnehmen ● Hautausschläge, Schwellungen, Wunden und Flechten gehen zurück und heilen ● Warzen beseitigen ● Abmagerungskuren beginnen (in einem Luftzeichen: Zwillinge, Waage oder Wassermann) ● nichts Neues beginnen ● Rauchen abgewöhnen (in den Zeichen Zwillinge, Löwe, Jungfrau) ● nicht aus dem Haus (der Wohnung) ausziehen ● keine Ehe schließen (Kinderlosigkeit, Unglück) ● Phase der Abnahme, der Auflösung und des Zerfalls.

Neumond (Schwarzmond)

● Mindestmaß an Kraftentfaltung ● im Juli heuen — frühestens drei Tage nach Neumond ● nichts säen; auch nicht bei Erdnähe und Erdferne des Mondes ● an Neumondtagen: nichts pflanzen, säen, setzen, hacken ● Unkraut vernichten (nicht bei Fisch und Skorpion) ● Saatkartoffeln kurz vor Neumond legen ● Bohnen kurz vor Neumond legen ● jetzt gepflanzte Bäume blühen — aber tragen keine Früchte ● Holz, bei Neumond gefällt, ist gut ● Neumond im Zeichen Waage (seltene Konstellation): gefälltes Holz schwindet nicht, kann grün verarbeitet werden ● im Oktober oder November gefälltes Holz (bei Neumond) im Zeichen der Waage widersteht der Flamme (verwendet bei den früheren offenen Feuerstellen zum Kaminbau) ● Zimmer gegen Ungeziefer waschen ● keine Fortpflanzungsfähigkeit, wenn im Augenblick des Neumondes geboren ● doppelt so viele Frauen haben ihre Periode als an anderen Tagen ● Einzug der Brautleute ins neue Heim (auch bei zunehmendem Mond) ● kleinster Magnetismus ● Neumond ist herabstimmend, deprimierend.

Mond geht über sich

(Nordkurs vom Sternzeichen Steinbock (Südwende) bis zum Sternzeichen Zwillinge (Nordwende der Mondbahn)

● Begriff bedeutet „Lösung von der Feuchtigkeit und vom Erdboden“ ● Heu machen — es trocknet schneller ● alles setzen, was *über* der Erde Frucht tragen soll (Halm- und Ährenfrüchte, Blumen, Sträucher, Bäume) ● Bohnen wachsen schneller ● Kartoffeln jetzt gesetzt, wachsen nicht in die Tiefe ● Äpfel und Kartoffeln eingelagert, runzeln nicht, aber faulen leichter ● pflügen, Garten umstechen ● Blumen eintopfen ● Jauche aufs Feld fahren (im Herbst) ● Stangenbohnen setzen ● alle Dinge, bei welchen es darauf ankommt, daß keine Fäulnis entsteht, tätigt man am besten im Nordkurs ● alles säen, was über dem Boden Frucht hat, zu dieser Phase ● Spinat säen ● Errichten eines Heustockes (beginnt sonst zu schimmeln) ● gelbe Rüben, jetzt gesät, bringen üppiges Kraut, aber keine Wurzeln ● Hornpflege beim Vieh (im Zeichen Steinbock) — die Hörner schwingen sich aufwärts ● Tiere schlachten (gibt mehr und besseres Fleisch) am besten im Zeichen der Fische ● ausmalen und Haus putzen ● Dachboden räumen ● Haus reinigen ● Fenster putzen ● Kleider waschen ● Bettdecken füllen ● Holz einlagern, weil es besser trocknet ● Holz schlichten, verarbeiten (trocknet besser, auch wenn es naß oder feucht ist) ● jetzt gemachte Bretter zerreißen leicht ● Dachstühle aufrichten ● Brennholz fällen ● Fenster und Türen versetzen (klemmen nicht; Scheiben schwitzen nicht) ● jetzt eingelagertes Holz beginnt nicht zu schimmeln ● Bachbett regulieren ● Brunnen graben ● Quellen fassen ● Quellwasser suchen — wird jetzt gestochen ● Wasserzuleitungen verlegen (versiegen sonst sehr rasch) ● Haare schneiden (wachsen schneller) ● Nägel schneiden (wachsen nicht ein) ● übersiedeln.

Mond geht unter sich

(Südkurs vom Sternzeichen Krebs (Nordwende) bis zum Sternzeichen Schütze (Südwende der Mondbahn)

● Begriff bedeutet „dieser Mond zieht alles nach unten“ ● alles säen oder setzen, was *unter* der Erde Frucht tragen soll (Knollen- und Hackfrüchte gedeihen besser) ● Wurzelgemüse säen ● Äpfel und Kartoffeln eingelagert, faulen nicht, aber runzeln leichter ● Früchte dörren ● Most machen und anstechen ● ersteingebrachtes Heu aufstocken (damit es besser liegt) ● jetzt gepflanzte Bohnen kriechen nur am Boden, ranken sich nicht nach oben und tragen kaum Früchte ● Zwiebeln, Kopfsalat, Kartoffeln pflanzen (Zwiebeln werden nicht aus der Erde gezogen, wie auch die Kartoffeln; Salat bildet früher Köpfe) ● Jauche auf die Felder und Wiesen fahren (im Frühjahr) ● düngen ● Stalldünger auf die Wiesen streuen (geht nur so in den Boden und wird von der Scholle rascher verarbeitet; nicht im Zeichen Waage oder Jungfrau düngen, da sonst das Vieh das Gras und Heu nicht frißt) ● jetzt geschlagenes Holz behält seine Kraft ● jetzt gemachte Bretter werden gelb ● jetzt gelagerte Brennholzscheite werden grau und brennen nicht richtig ● Holzfußböden verlegen (sonst gibt es Risse und Spalten und die Dielen werfen sich) ● Bauholz fällen ● Hausbau: Fundament setzen und Keller mauern (Keller bleibt trocken) ● Senkgruben bauen ● Wassergräben graben und säubern ● verfallene, verstopfte Wassergräben erweitern ● Bachläufe verändern — der Bach nimmt dann diesen Lauf an ● Hochwasser graben und wühlen und vertiefen die Bachsohle.

Mond im Widder

(Mond geht über sich; Feuerzeichen, Tag, männlich, Kardinal)

● Unkraut jäten ● Gras mähen, weil es dann schneller wächst ● Vieh auf die Weide treiben — die Tiere bleiben ruhiger ● Erdbeeren pflanzen ● Bohnen setzen ● alle Pflanzen säen oder setzen, von denen die Frucht oder die Samen genossen werden, z. B. Obstfrüchte, Beeren, Nüsse, Erbsen, Bohnen, Tomaten, Gurken, Melonen, Getreide, Radieschen ● Früchte einmachen ● Dörrfrüchte dörren und lagern ● Heuernte einbringen (günstiger Zeitpunkt) ●

Rosen pflanzen ● Brennesselsamen pflücken und auch in diesem Zeichen ansetzen ● nur das pflanzen, was schnell wachsen soll und zur sofortigen Verwendung bestimmt ist ● Holz schlagen, schlichten, einlagern ● Fruchtgehölze schneiden ● Fruchtbäume veredeln (bei zunehmendem Mond) ● Fenster putzen (aber erst nach Sonnenuntergang — sie laufen dann nicht an) ● Haare schneiden (dauerhafte Lockenpracht) ● nichts beginnen, was Geduld erfordert ● Geschäfte mit Edelsteinen tätigen.

Mond im Stier

(Mond geht über sich; Erdzeichen, Nacht, weiblich, fixiert)

● Bei Monddurchgang durch dieses Zeichen Gepflanztes ist weniger ungezieferanfällig, ebenso bei den Zeichen Skorpion und Wassermann ● alle Pflanzen säen oder setzen, von denen die Wurzeln oder Knollen geerntet werden, z. B. Wurzeln, Möhren, Sellerie, Rettiche, Zwiebeln, Knoblauch, Kartoffeln, rote Rüben, Kohlrabi, Spargel, Winterrettich, Porree, Schwarzwurzeln ● Früchte einmachen ● Dörrfrüchte dörren und lagern ● Gemüse lagern ● Heuernte ● Beinwell ausgraben, ansetzen, zu Salbe verarbeiten ● alles wächst langsam, das Gemüse wird dauerhaft und deshalb besonders geeignet für den Wintervorrat ● günstig für Ackern, Graben, Bäume pflanzen ● Bäume, Sträucher und Hecken pflanzen — die Pflanzen werden kräftig ● Zaunarbeiten machen ● Holz schlagen, schlichten, einlagern ● Hausbau beginnen (bei zunehmendem Mond) ● geschnittene oder gewaschene Haare legen sich nicht mehr; werden wild und struppig ● Wunden wildern und bilden Geschwüre ● alles beginnen, was lange dauert ● Kleidung kaufen ● Reparaturen machen ● übersiedeln ● ausmalen bei heißem Wetter (vergleiche Löwe) ● Geschäfte mit Edelsteinen ● Geschäfte mit Kauf oder Verkauf von Grundstücken ● Geschäfte mit Beton und Bausteinen tätigen ● Geschäfte mit Silber tätigen ● Handelsgeschäfte allgemein ● künstlerische Angelegenheiten beginnen ● Feste geben, Gemütlichkeiten pflegen ● Verträge abschließen ● Verlobungen und Ehebündnisse eingehen, neue Freunde suchen ● Kosmetik: günstig zum Auflegen von Masken.

Mond in den Zwillingen 

(Mond geht über sich; Luftzeichen, Tag, männlich, veränderlich)

● Bohnen legen ● Winde und Wicke säen ● alle Pflanzen säen oder setzen, von denen die Blüten geerntet werden, z. B. Broccoli, Blumenkohl, Heilkräuter, sowie alle Blüten- und Blumenstraußpflanzen ● Früchte einmachen ● Dörrfrüchte dörren und lagern ● Heuernte ● Spinat säen ● Ringelblumen pflücken, ansetzen oder zu Salbe verarbeiten ● alles pflanzen, was ranken soll (Bohnen, Erbsen, Wicken, Winden, Heckenrosen, Schlingpflanzen, Brombeeren) ● Neupflanzung von öffentlichen Anlagen vornehmen ● Holz schlagen, schlichten, einlagern ● Blütengehölze schneiden ● beginne, was von kurzer Dauer und schnell erledigt sein soll ● Abmagerungskuren beginnen (bei abnehmendem Mond) ● Haare schneiden ● Reisen antreten ● Handelsgeschäfte allgemein ● Korrespondenzen, Briefe und Bücher schreiben.

Mond im Krebs 

(Mond geht unter sich; Wasserzeichen, Nacht, weiblich, Kardinal)

● Pflanzen spritzen ● düngen ● keine Kartoffeln setzen ● alle Pflanzen säen oder setzen, von denen die Blätter geerntet werden, z. B. Salate, Kohl, Lauch, Kresse, Zitronenmelisse, Minze, Petersilie ● nichts pflanzen, was in die Höhe wachsen woll (z. B. jetzt gelegte Stangenbohnen bringen wenig Ertrag) ● alles säen oder pflanzen, was zum sofortigen Verzehr bestimmt ist, z. B. Kürbis, Gurken, Buschbohnen, Rettich, Tomaten, Spargel ● nachteilig für Holz und Heu (Wasserzeichen) ● gut für Senkgrubenbau ● Blattgehölze schneiden ● Hausbau beginnen ● Wassergräben anlegen (bei abnehmendem Mond) ● Haare waschen ● Kosmetik: günstig für Schönheits- und Heilbäder ● gut für alle Angelegenheiten, die Haus, Hof, Grund, Familie betreffen ● schlecht für Reisen ● Feste geben, Gemütlichkeiten pflegen ● Verlobungen und Ehebündnisse eingehen, neue Freunde suchen ● beginne, was von kurzer Dauer und schnell erledigt sein soll ● Geschäfte mit Flüssigkeiten tätigen ● Geschäfte mit Silber tätigen.

Mond im Löwen

(Mond geht unter sich; Feuerzeichen, Tag, männlich, fixiert)

● Kühe fressen kein Gras oder Heu, das jetzt mit Jauche gedüngt wurde ● Erdbeeren pflanzen ● alle Pflanzen säen oder setzen, von denen die Frucht oder die Samen genossen werden, z. B. Obstfrüchte, Beeren, Nüsse, Erbsen, Bohnen, Tomaten, Gurken, Melonen, Getreide ● Früchte einmachen ● Dörrfrüchte dörren und lagern ● günstig zum Setzen von Bäumen und Sträuchern, besonders von Rosen: sie erhalten mehr Farbenpracht ● vorsichtig sein mit Düngen, Hacken und Säen ● gefälltes Holz trocknet leicht ● Fruchtgehölze schneiden ● Fruchtbäume veredeln (bei zunehmendem Mond) ● Bäume und Sträucher beschneiden (gutes Zeichen) ● ausmalen bei kaltem Wetter ● Haare schneiden (bei zunehmendem Mond — besonders bei Männern) ● beginne, was von langer Dauer sein soll ● kein neues Kleid anziehen ● Geschäfte mit Edelsteinen ● Geschäfte mit Gold tätigen ● künstlerische Angelegenheiten beginnen ● für Musiker bedeutend ● Verkehr mit Rechtsanwälten und der Justiz günstig ● Beschäftigung mit Meditation und Geisteswissenschaft günstig.

Mond in der Jungfrau

(Mond geht unter sich; Erdzeichen, Nacht, weiblich, veränderlich)

● Getreide säen ● alle Pflanzen säen oder setzen, von denen die Wurzeln oder Knollen geerntet werden, z. B. Wurzeln, Möhren, Sellerie, Rettiche, Zwiebeln, Knoblauch, Kartoffeln, rote Rüben ● Düngen im Herbst ● nicht düngen oder heuen im Frühjahr — Vieh frißt das Gras oder Heu nicht ● Beinwell ausgraben, ansetzen bzw. zu Salbe verarbeiten ● günstig zum Säen und Pflanzen von Ziersträuchern, Hecken, Sträuchern und Bäumen sowie zur Anlage von Blumengärten ● alles, was zur Zierde wachsen soll, kann mit Erfolg kultiviert werden ● günstig für Ackern und Graben ● Kartoffeln, Wurzelknollen, Blumen und Obst nicht einkellern (faulen leichter) ● jetzt keinen Mais setzen (gibt viele Stengel ohne Kolben) ● Blumen pflanzen (blühen kräftig) ● keine Bohnen setzen (viele „leere“ Blüten, wenig Früchte) ● jetzt gefälltes Holz trocknet leicht ● Arbeiten im Haushalt gelingen ● Unterricht beginnen ● Geschäfte mit Kauf oder Verkauf von Grundstücken tätigen ● Handelsgeschäfte allgemein ● Verträge abschließen ● günstig für die Beschäftigung mit Meditation und Geisteswissenschaften.

Mond in der Waage ♎

(Mond geht unter sich; Luftzeichen, Tag, männlich, Kardinal)

● Gras säen ● Vieh auf die Weide treiben; das Blähen der Kühe wird verhindert ● gelbe Rüben säen ● Ringelblumen pflücken, ansetzen oder zu Salbe verarbeiten ● nicht düngen oder heuen — Vieh frißt das Heu nicht ● alle Pflanzen säen oder setzen, von denen die Blüten geerntet werden, z. B. Broccoli, Blumenkohl, Heilkräuter, sowie alle Blüten- und Blumenstraußpflanzen ● günstig zum Säen und Pflanzen von Blumen, Kresse und Weinreben ● Anbau von Knollen- und Hülsenfrüchten (nur bei abnehmendem Mond) ● Pflanzen von Bäumen und Sträuchern (nur bei zunehmendem Mond) ● bestes Zeichen für den Garten und für Gartenarbeiten ● Holz versorgen ● Dachstühle aufrichten ● Blütengehölze schneiden ● Fenster putzen (aber erst nach Sonnenuntergang) ● Haare schneiden ● beginne, was von kurzer Dauer und schnell erledigt sein soll ● Reisen antreten ● ruhiges, ausgeglichenes Zeichen ● Feste geben, Gemütlichkeiten pflegen ● Verlobungen und Ehebündnisse eingehen, neue Freunde suchen ● Abmagerungskuren beginnen (bei abnehmendem Mond) ● Kosmetik: günstig zum Auflegen von Masken ● Handelsgeschäfte allgemein ● Geschäfte mit Edelsteinen ● künstlerische Angelegenheiten beginnen ● für Musiker bedeutend ● Korrespondenzen, Briefe und Bücher schreiben ● Verträge abschließen.

Mond im Skorpion ♏

(Mond geht unter sich; Wasserzeichen, Nacht, weiblich, fixiert)

● Knoblauch, Lauch und Zwiebeln setzen ● Melonen säen ● Kren und Rettich ernten ● kein Gras zum Füttern mähen ● kein Gemüse einmachen ● alle Pflanzen säen oder setzen, von denen die Blätter geerntet werden, z. B. Salate, Kohl, Lauch, Kresse, Zitronenmelisse, Minze, Petersilie ● Pflanzen spritzen ● Düngung bei abnehmendem Mond ● keine Kartoffeln setzen ● wachstumshemmendes Zeichen — auch für den Garten ● günstig für das Kultivieren von Arzneipflanzen, besonders solche, welche stachelige oder spitze Früchte haben ● Hopfen und Mohn säen ● nachteilig für Holz und Heu (Wasserzeichen) ● Hartholz fällen (bei Neumond) ● Blattgehölze schneiden ● Haare waschen ● Zehennägel schneiden (Wachstum wird gehemmt) ● kein neues Kleid anziehen ● Geschäfte mit Eisen und Feuer tätigen.

Mond im Schützen

(Mond geht unter sich; Feuerzeichen, Tag, männlich, veränderlich)

● ernten (bleibt länger frisch) ● Unkraut verbrennen ● alle Pflanzen säen oder setzen, von denen die Frucht oder die Samen genossen werden, z. B. Obstfrüchte, Beeren, Nüsse, Erbsen, Bohnen, Tomaten, Gurken, Melonen, Getreide ● bei diesem Mondstand „schießt" alles auf ● nichts hacken und auch keine sonstigen wichtigen Gartenarbeiten erledigen ● Fruchtgehölze schneiden ● Bäume und Sträucher pflanzen ● Rosen sind in diesem Zeichen sehr begünstigt ● Reisen antreten ● Besuche machen ● Bekanntschaften schließen ● Drachen steigen lassen ● gut für geschäftliche Angelegenheiten ● günstig für den Verkehr mit Rechtsanwälten und der Justiz ● günstig für Beschäftigung mit Meditation und Geisteswissenschaften.

Mond im Steinbock

(Mond geht über sich; Erdzeichen, Nacht, weiblich, Kardinal)

● Kraut einhobeln und einmachen ● keine Hülsenfrüchte setzen (werden hart) ● Früchte einmachen ● Dörrfrüchte dörren und lagern ● Gemüse lagern ● düngen ● Heuernte ● alle Pflanzen säen oder setzen, von denen die Wurzeln oder Knollen geerntet werden, z. B. Wurzeln, Möhren, Sellerie, Rettiche, Zwiebeln, Knoblauch, Kartoffeln, rote Rüben ● Beinwell ausgraben, ansetzen oder zu Salbe verarbeiten ● Hornpflege beim Vieh (im über sich gehenden Mond) ● günstig für das Anpflanzen von Wintergemüse, zum Säen und Pflanzen von Küchenkräutern, Winterspinat, Rüben, Sellerie, Lauch, Zwiebeln, Wurzelgemüse ● Zwiebeln nur bei abnehmendem Mond pflanzen ● ackern, graben und Bäume pflanzen ● Holz einlagern ● Bauholz aufschlichten ● geschlägertes Holz bleibt wurmfrei ● Fußboden legen ● keine Haare schneiden — werden sonst bald grau ● Dachboden räumen ● beginne, was von langer Dauer sein soll ● Verträge abschließen ● Geschäfte mit Kauf oder Verkauf von Grundstücken ● Geschäfte mit Edelsteinen tätigen ● Geschäfte mit Eisen und Feuer tätigen ● Geschäfte mit Beton und Bausteinen tätigen.

Mond im Wassermann

(Mond geht über sich; Luftzeichen, Tag, männlich, fixiert)

● jetzt Gesätes fault gern ● Efeu pflanzen ● alle Pflanzen säen oder setzen, von denen die Blüten geerntet werden, z. B. Broccoli, Blumenkohl, Heilkräuter, sowie alle Blüten- und Blumenstraußpflanzen ● Früchte einmachen ● Dörrfrüchte dörren und lagern ● Heuernte ● Ringelblumen pflücken, ansetzen oder zu Salbe verarbeiten ● Zwiebeln, jetzt gesetzt, faulen leicht ● Kartoffeln, Wurzelknollen, Blumen und Obst nicht einkellern (faulen leicht) ● ungünstigster Mondstand: ausgepflanzte Setzlinge verkümmern, die Samen gehen nicht auf ● keine Bäume pflanzen ● Holz schlagen, schlichten, einlagern ● Blütengehölze schneiden ● Maschinen reparieren ● gut für Reparaturen im Haushalt ● Haare schneiden ● Quellen fassen ● übersiedeln ● Dinge tun, die lange halten sollen ● Handelsgeschäfte allgemein ● Korrespondenzen, Briefe und Bücher schreiben ● Abmagerungskuren beginnen (bei abnehmendem Mond) ● gut für den Umgang mit Vorgesetzten ● gut für Flugreisen ● günstig für Erfinder ● günstig für Beschäftigung mit Meditation und Geisteswissenschaften.

Mond in den Fischen

(Mond geht über sich; Wasserzeichen, Nacht, weibl., veränderl.)

● Kein Gemüse einmachen ● Schnittlauch schneiden ● alle Pflanzen säen oder setzen, von denen die Blätter geerntet werden, z. B. Salate, Kohl, Lauch, Kresse, Zitronenmelisse, Minze, Petersilie ● Pflanzen spritzen ● fruchtbares Zeichen zum Säen oder Pflanzen von Salat, Spinat, Petersilie, Radieschen und Monats-Erdbeeren ● düngen — nur bei abnehmendem Mond ● Kartoffeln, Wurzelknollen, Blumen und Obst nicht einkellern (faulen leicht) ● nachteilig für Holz und Heu (Wasserzeichen) ● Tiere schlachten im über sich gehenden Mond (gibt mehr und besseres Fleisch) ● Blattgehölze schneiden ● Medikamente und Rauschmittel haben erhöhte Wirkung ● Haare waschen (fünfmal in diesem Zeichen) ergibt Schuppen ● Kosmetik: günstig für Schönheits- und Heilbäder ● beginne, was von kurzer Dauer und schnell erledigt sein soll ● Verlobungen und Ehebündnisse eingehen, neue Freunde suchen ● Vorsicht mit Geld ● für Musiker bedeutend ● Geschäfte mit Flüssigkeiten tätigen.

IV.
Alphabetisches Verzeichnis der wichtigsten Mondregeln

(Ohne Gewähr)

— A —

Abmagerungskuren im abnehmenden Mond und in einem Luftzeichen (Zwillinge, Waage, Wassermann) beginnen.
Abnehmender Mond: Phase der Abnahme, der Auflösung, des Zerfalls.
Abstillen von Kindern im zunehmenden Mond.
Ackern günstig in den Erdzeichen (Steinbock, Stier, Jungfrau).
Angelegenheiten, betreffend Haus, Hof, Grund, Familie und diesbezügliche Verträge im günstigen Zeichen Krebs erledigen.
Angelegenheiten, friedliche: besonders günstig im Zeichen Fische.
Angelegenheiten, geschäftliche: günstig im Zeichen Schütze.
Angelegenheiten, künstlerische, in den Zeichen Stier, Löwe, Waage beginnen.
Angestellte nicht im Zeichen Steinbock einstellen.
Anlage von Blumengärten günstig im Zeichen Jungfrau.
Äpfel eingelagert, Mond geht über sich: runzeln nicht; faulen leicht.
Äpfel eingelagert, Mond geht unter sich: runzeln, aber faulen nicht.
Arbeiten im Haushalt gelingen im Zeichen Jungfrau besonders gut.
Artischocken in den Luftzeichen Zwillinge und Wassermann pflanzen.
Arzneipflanzen, besonders stachelige oder mit spitzen Früchten (z. B. Wetterdistel, Hauhechel, Brombeere, Berberitze, Sanddorn, Schlehdorn, Hagebutte, Weißdorn) im Skorpion kultivieren.
Auberginen in den Feuerzeichen Widder und Löwe pflanzen.
Ausmalen, allgemein, im über sich gehenden und abnehmenden Mond.
Ausmalen bei heißem Wetter günstig im Zeichen Stier.
Ausmalen bei kaltem Wetter günstig im Zeichen Löwe.
Ausziehen aus Haus oder Wohnung nicht im abnehmenden Mond.
Autofahren: Vorsicht bei Vollmond (erhöhte Aggression und Nervosität).

— B —

Bachbett regulieren bei über sich gehendem Mond.
Bachläufe verändern im unter sich gehenden Mond: der Bach nimmt dann diesen Lauf an.

Bachsohle im unter sich gehenden Mond: Hochwasser graben, wühlen und vertiefen diese.

Backen in den kardinalen Zeichen (Widder, Krebs, Waage, Steinbock) und im zunehmenden Mond.

Bauholz fällen im unter sich gehenden Mond und aufschlichten im Zeichen Steinbock.

Bäume, bei Neumond gepflanzt, blühen, aber tragen keine Früchte.

Bäume nicht im Zeichen Wassermann pflanzen.

Bäume pflanzen: günstig im Zeichen Stier (Pflanzen werden kräftig); auch in den Zeichen Löwe, Schütze, Steinbock; im Zeichen Waage nur bei zunehmendem Mond.

Bäume schneiden im abnehmenden Mond: die Äste hängen herab.

Bäume schneiden im zunehmenden Mond: die Äste stehen hinauf.

Bäume setzen, putzen, veredeln im zunehmenden Mond und in den Zeichen Widder und Löwe.

Beeren pflanzen im über sich gehenden Mond (Zeichen Widder); auch in den Zeichen Löwe und Schütze.

Beginne alles, was aus der Erde heraus soll, im zunehmenden Mond.

Beginne alles, was schwinden soll, im abnehmenden Mond.

Beginne alles, was zunehmen soll, im zunehmenden Mond.

Beginne, was von kurzer Dauer und schnell erledigt sein soll, in den Zeichen Zwillinge, Krebs, Waage, Fische.

Beginne, was von langer Dauer sein soll, in den Zeichen Löwe, Steinbock.

Beinwell ausgraben, ansetzen, zu Salbe verarbeiten in den Erdzeichen Steinbock, Stier, Jungfrau.

Beinwell in den Erdzeichen Steinbock und Jungfrau pflanzen.

Bekanntschaften schließen, günstig im Zeichen Schütze.

Beschneiden von Bäumen und Sträuchern im Zeichen Löwe sehr günstig.

Besuche machen, günstig im Zeichen Schütze.

Bete, rote, in den Erdzeichen Steinbock und Jungfrau pflanzen.

Betten füllen (mit Federn oder Schurwolle) günstig bei Vollmond; Bettdecken füllt man im über sich gehenden Mond.

Blattgehölze schneiden in den Wasserzeichen Krebs, Skorpion, Fische.

Blumen eintopfen im über sich gehenden Mond.

Blumen nicht einkellern in den Zeichen Jungfrau, Wassermann und Fische (sie faulen leichter).

Blumen pflanzen, deren Blüten gefüllt sein sollen (z. B. Margeriten), im zunehmenden Mond.

Blumen pflanzen im Zeichen der Jungfrau: sie blühen dann kräftig.

Blumen säen in den Luftzeichen Waage, Wassermann, Zwillinge.

Blumen veredeln im zunehmenden Mond.
Blumengärten anlegen im Zeichen Jungfrau.
Blumenkohl säen in den Luftzeichen Waage, Wassermann, Zwillinge.
Blütengehölze schneiden in den Luftzeichen Waage, Wassermann, Zwillinge.
Blutungen bei Wunden sind bei Vollmond am stärksten.
Bohnen im unter sich gehenden Mond gepflanzt: kriechen am Boden, ranken nicht, tragen kaum Früchte.
Bohnen kurz vor Neumond legen im Zeichen Zwillinge.
Bohnen nicht im Zeichen Jungfrau setzen: leere Blüten, wenig Früchte.
Bohnen säen im abnehmenden Mond (sonst blühen sie, ohne Hülsenfrüchte anzusetzen).
Bohnen setzen in den Zeichen Widder, Zwillinge, Löwe, Schütze.
Bohnen wachsen schneller im über sich gehenden Mond.
Bohnenkraut (Würzpflanze) in den Wasserzeichen Fische und Krebs pflanzen.
Brandstiftungen sind bei Vollmond häufiger.
Brennesselsamen pflücken und ansetzen im Zeichen Widder.
Brennholz fällen im über sich gehenden Mond.
Brennholz im zunehmenden Mond (erstes Viertel, beim jungen Schein) schlagen.
Brennholzscheite, im über sich gehenden Mond gelagert: trocknen gut, brennen ordentlich.
Brennholzscheite, im unter sich gehenden Mond gelagert: werden grau, brennen nicht richtig.
Bretter, im über sich gehenden Mond gesägt, zerreißen leicht.
Bretter, im unter sich gehenden Mond gesägt, werden gelb.
Briefe schreiben in den Luftzeichen Waage, Wassermann, Zwillinge.
Broccoli säen in den Luftzeichen Waage, Wassermann, Zwillinge.
Brombeeren pflanzen im Zeichen Zwillinge.
Brunnen graben im über sich gehenden Mond.
Bücher schreiben in den Luftzeichen Waage, Wassermann, Zwillinge.
Buschbohnen legen im Zeichen Krebs; nach der Ernte sofortiger Verzehr.

— C —

Chinakohl in den Wasserzeichen Fische und Krebs pflanzen.
Christbäume im Dezember drei Tage vor dem Vollmond fällen (sie behalten dann lange Zeit ihre Nadeln).

— D —

Dachboden räumen im über sich gehenden Mond (günstig im Steinbock).
Dachdecken im abnehmenden Mond und in den günstigen Zeichen Stier, Löwe, Skorpion, Wassermann.
Dachschindeln aufnageln im abnehmenden Mond.
Dachstühle aufrichten im über sich gehenden Mond; auch in der Waage.
Dienst, neuen, im zunehmenden Mond antreten.
Dinge tun, die lange halten sollen, im Zeichen Wassermann.
Dörrfrüchte dörren und lagern in den Zeichen Widder, Stier, Zwillinge, Löwe, Steinbock, Wassermann.
Drachen steigen lassen im Zeichen Schütze.
Düngen im Frühjahr bei abnehmendem Mond.
Düngen im Herbst bei zunehmendem Mond.
Düngen im Skorpion nur bei abnehmendem Mond; ebenso im Zeichen Fische.
Düngen (Mond geht über sich): günstig im Zeichen Steinbock.
Düngen (Mond geht unter sich): günstig in den Zeichen Krebs und Jungfrau.
Düngen: im Frühjahr nicht im Zeichen Jungfrau; Vieh frißt Futter nicht.
Düngen nicht im Zeichen Waage: Vieh frißt das Heu nicht.

— E —

Efeu pflanzen im Zeichen Wassermann.
Ehebündnisse eingehen in den Zeichen Stier, Krebs, Waage, Fische.
Ehekontrakte aufsetzen im zunehmenden Mond.
Ehen nicht im abnehmenden Mond schließen (Kinderlosigkeit, Unglück).
Eigelege von Hühnern, Enten, Gänsen im zunehmenden Mond bebrüten.
Einmachen von Früchten, Fleisch usw. im abnehmenden Mond; günstig sind die Zeichen Stier, Skorpion, Wassermann.
Einziehen in eine neue Wohnung bei über sich gehendem Mond.
Einzug der Brautleute ins neue Heim bei Neumond oder zunehmendem Mond.
Erbsen pflanzen in den Zeichen Widder, Zwillinge, Löwe, Schütze.
Erbsen säen im abnehmenden Mond (sonst blühen sie, ohne Hülsenfrüchte anzusetzen).

Erdbeeren pflanzen in den Zeichen Widder und Löwe; Monatserdbeeren im Zeichen Fische.
Erfinder: günstiges Zeichen ist der Wassermann.
Erntekartoffeln kurz nach Vollmond legen.
Ernten im Zeichen Schütze: Geerntetes bleibt länger frisch.
Ernten, wenn möglich nur bei Vollmond; günstig auch bei zunehmendem Mond.
Estragon in den Wasserzeichen Fische und Krebs pflanzen.

— F —

Fäulnisprozesse verhindern im über sich gehenden Mond.
Fenster putzen im über sich gehenden Mond (Widder); günstig ist die Zeit nach Sonnenuntergang — sie laufen dann nicht an; günstig ist auch das Zeichen Waage.
Fenster versetzen im über sich gehenden Mond (Hornzeichen, z. B. Steinbock und Widder); sie klemmen nicht und die Scheiben schwitzen nicht.
Feste geben in den Zeichen Stier, Krebs und Waage.
Fische: das in diesem Zeichen Gepflanzte nimmt gerne einen üblen Geschmack an und hält sich nicht lange.
Fische: fruchtbares Zeichen zum Säen oder Pflanzen von Monatserdbeeren, Petersilie, Radieschen, Salat und Spinat.
Flachs säen bei Vollmond.
Flechten (z. B. Schuppenflechte) heilen besser im abnehmenden Mond.
Flugreisen: günstiges Zeichen ist der Wassermann (Luftzeichen).
Freunde, neue, suchen, in den Zeichen Stier, Krebs, Waage, Fische.
Freunde treffen im Zeichen Zwillinge.
Freundschaften im Zeichen Jungfrau geschlossen, werden leicht brüchig.
Friedliche Angelegenheiten: besonders gut im Zeichen Fische.
Fruchtbare Tage: häufig in der Zeit des Vollmondes.
Fruchtbäume veredeln in den Zeichen Widder (über sich gehender Mond) und Löwe, sowie im zunehmenden Mond.
Früchte einmachen in den Zeichen Widder, Stier, Zwillinge, Steinbock, Wassermann.
Früchte trocknen bei abnehmendem und unter sich gehendem Mond, sowie in den Feuerzeichen Widder, Löwe, Schütze.
Früchte, wohlschmeckende, nicht im Zeichen Skorpion säen oder ernten.
Fruchtgehölze schneiden in den Feuerzeichen Widder, Löwe, Schütze.

Fundament beim Hausbau setzen bei unter sich gehendem Mond.
Fußboden legen im Zeichen Steinbock.

— G —

Gänse, Hühner und Enten im zunehmenden Mond rupfen.
Garten, Gartenarbeiten: das beste Zeichen ist die Waage.
Gartenarbeiten im Sternzeichen Schütze meiden.
Garten umstechen bei über sich gehendem Mond.
Geisteswissenschaft, Beschäftigung damit ist gut in den Zeichen Löwe, Jungfrau, Schütze, Wassermann.
Geldsachen: Vorsicht im Zeichen der Fische.
Gemauertes in der Phase des abnehmenden Mondes bleibt ruhig.
Gemüseaussaat: die beste Zeit ist zwei Tage vor Vollmond.
Gemüse ernten in den ersten Tagen nach Vollmond — es bleibt haltbarer.
Gemüse lagern in den Erdzeichen Steinbock und Stier.
Gemüse nicht in den Wasserzeichen Skorpion und Fische einmachen.
Gemütlichkeiten pflegen in den Zeichen Stier, Krebs, Waage.
Gereiztheit: Vorsicht bei Vollmond.
Gerste: in den Feuerzeichen Widder und Löwe säen.
Gesätes im Wassermann fault leicht.
Geschäfte mit Beton und Bausteinen in den Erdzeichen Steinbock, Stier.
Geschäfte mit Edelsteinen tätigen in den Zeichen Steinbock, Widder, Stier, Löwe und Waage.
Geschäfte mit Eisen und Feuer tätigen in den Zeichen Steinbock und Skorpion.
Geschäfte mit Flüssigkeiten in den Wasserzeichen Krebs und Fische tätigen.
Geschäfte mit Gold im Zeichen Löwe tätigen.
Geschäfte mit Kauf oder Verkauf von Grundstücken in den Erdzeichen Steinbock, Stier, Jungfrau tätigen.
Geschäfte mit Silber in den Zeichen Krebs und Stier tätigen.
Geschnittenes im abnehmenden Mond wächst langsamer.
Getreide dreschen im zunehmenden Mond.
Getreide pflanzen in den Zeichen Widder, Löwe, Jungfrau, Schütze.
Grabarbeiten günstig in den Erdzeichen Steinbock, Stier, Jungfrau.
Gras mähen im Widder (Mond geht über sich): es wächst schneller.
Gras nicht zum Füttern mähen bei Skorpion.
Gras säen im Zeichen Waage.
Gurken pflanzen in den Feuerzeichen Widder, Löwe, Schütze sowie bei zunehmendem und über sich gehendem Mond.

Gurken pflanzen ist auch im Zeichen Krebs möglich; sofortiger Verzehr!

— H —

Haare, dunkle, im Vollmond geschnitten, werden heller.
Haare, im Stier geschnitten, werden struppig; legen sich nicht mehr.
Haare nicht im Steinbock schneiden, sie werden sonst bald grau.
Haare schneiden im abnehmenden Mond: sie wachsen dann langsamer.
Haare schneiden im über sich gehenden Mond: sie wachsen schneller; günstig sind die Zeichen Zwillinge und Wassermann; auch Waage (unter sich gehender Mond).
Haare schneiden im Widder (Mond geht über sich) und bei zunehmendem Mond ergibt eine dauerhafte Lockenpracht; bei Männern wird das Zeichen Löwe im zunehmenden Mond empfohlen.
Haare schneiden im zunehmenden Mond: wachsen schneller, werden stärker.
Haare waschen günstig in den Wasserzeichen Krebs und Skorpion.
Hacken im Garten: nicht im Zeichen Schütze; Vorsicht im Zeichen Löwe.
Hafer in den Feuerzeichen Widder und Löwe säen.
Handelsgeschäfte allgemein tätigen in den Zeichen Wassermann, Stier, Zwillinge, Jungfrau, Waage.
Hanf säen im Vollmond.
Hartholz fällen bei Neumond und im Zeichen Skorpion.
Hartholz: günstiges Zeichen ist der Steinbock.
Hausbau beginnen in den Zeichen Stier (bei zunehmendem Mond) oder im Wasserzeichen Krebs (Mond geht unter sich).
Hausbau: Fundament setzen, Keller mauern bei unter sich gehendem Mond (Keller bleibt trocken).
Haushalt: Arbeiten gelingen gut im Zeichen Jungfrau.
Haushalt: gut für alle Reparaturen sind die Zeichen Jungfrau und Wassermann.
Haus putzen bei abnehmendem und über sich gehendem Mond.
Hautausschläge gehen zurück im abnehmenden Mond.
Hautausschläge werden schlimmer im zunehmenden Mond.
Hecken pflanzen im Zeichen Stier: sie werden kräftiger.
Hecken schneiden im zunehmenden Mond.
Hecken, schnellwüchsige, bei abnehmendem Mond schneiden.
Heilkräuter säen in den Luftzeichen Waage, Wassermann, Zwillinge.
Heilkräuter sammeln bei zunehmendem Mond und bei Vollmond.
Heuen im Juli: frühestens drei Tage nach Neumond.

Heuen nicht in der Jungfrau (im Frühjahr): Vieh frißt das Futter nicht.
Heuernte einbringen in den Zeichen Widder (sehr günstig), Stier, Zwillinge, Steinbock (günstig), Wassermann.
Heu, ersteingebrachtes, aufstocken im unter sich gehenden Mond; es liegt dann besser.
Heu, feucht eingebracht, wird grau und schimmelig im zunehmenden Mond.
Heu machen im über sich gehenden Mond: es trocknet dann schneller.
Heu: nachteilig sind die Wasserzeichen Krebs, Skorpion, Fische.
Heustock errichten im über sich gehenden Mond: er beginnt sonst zu schimmeln.
Heu trocknet im abnehmenden Mond, auch feuchter als sonst eingebracht, im Heustock aus.
Hochwasser im abnehmenden Mond: spült die Bäche aus; hinterläßt wenig Sand.
Hochwasser im zunehmenden Mond: füllt die Bäche auf; hinterläßt Sand und Steine.
Hochzeiten feiern im zunehmenden bzw. über sich gehenden Mond.
Holz bei abnehmendem Mond: nach dem Sägen und Spalten unter Dach aufrichten — gibt trockenes Holz.
Holz, bei Neumond im Zeichen der Waage gefällt: schwindet nicht und kann grün verarbeitet werden.
Holz, bei Vollmond gefällt, ist schlecht.
Holz einlagern, schlichten, verarbeiten im über sich gehenden Mond, besonders in den Zeichen Steinbock, Wassermann, Widder, Stier, Zwillinge: es trocknet besser, auch wenn es naß oder feucht ist und es schimmelt nicht.
Holzfällen im abnehmenden, unter sich gehenden Mond: am besten bei Neumond; es fault nicht, wird nicht von Würmern zerfressen und behält seine Kraft.
Holz für Pfahlgründungen im Wasser (Bade-, Schiffsstege) im Vollsaft im Sommer fällen und gleich einbauen (zunehmender Mond).
Holzfußböden verlegen im unter sich gehenden Mond: sonst gibt es Risse und Spalten und die Dielen werfen sich.
Holz, gefällt in den Zeichen Löwe und Jungfrau, trocknet leicht.
Holz hacken im ersten Viertel (zunehmender Mond).
Holz im Oktober, November bei Neumond im Zeichen Waage gefällt, widersteht der Flamme (Holzkaminbau).
Holz, im Steinbock geschlägert, bleibt wurmfrei.
Holz, im übergehenden Mond gefällt im Zeichen der Fische, reißt nicht auf, dörrt nicht zusammen und wird nicht kleiner.

Holz, im zunehmenden Mond gefällt, reißt leichter auf.
Holz, im zunehmenden Mond gefällt, trocknet schlecht und wird eher von Ungeziefer befallen.
Holz, in den Fischen geschlägert, bleibt biegsam, aber fault leicht.
Holz: nachteilig sind die Wasserzeichen Krebs, Skorpion, Fische.
Holz versorgen: gut ist auch das Zeichen Waage.
Hopfen säen im Zeichen Skorpion.
Hornpflege beim Vieh im Zeichen Steinbock (über sich gehender Mond).
Hühneraugen entfernen im abnehmenden Mond.
Hülsenfrüchte (Bohnen, Erbsen) anbauen im Zeichen Waage bei abnehmendem Mond.
Hülsenfrüchte nicht im Zeichen Steinbock setzen (sie würden hart).

— I —

Injektionen verabreichen im abnehmenden bzw. unter sich gehenden Mond: Gliedmaßen (Arme, Beine).
Injektionen verabreichen im zunehmenden bzw. über sich gehenden Mond: Kopf, Halsbereich, Brust-, Rücken- und Bauchraum.

— J —

Jauche auf die Felder und Wiesen fahren im Frühjahr bei unter sich gehendem Mond.
Jauche auf die Felder und Wiesen fahren im Herbst bei über sich gehendem Mond.

— K —

Kälber ansetzen und entwöhnen bei zunehmendem Mond.
Kamine, gutziehende, am Vollmondtag bauen.
Karfiol säen in den Luftzeichen Waage, Wassermann, Zwillinge.
Karotten, im über sich gehenden Mond gesät, bilden üppiges Kraut, aber keine bzw. zu kleine Wurzeln; ebenso im Zeichen Krebs.
Karotten in den Erdzeichen Steinbock und Jungfrau säen.
Kartoffeln, eingelagert im über sich gehenden Mond, runzeln nicht, aber faulen leichter.
Kartoffeln, eingelagert im unter sich gehenden Mond, runzeln, aber faulen nicht.
Kartoffeln, im zunehmenden bzw. im über sich gehenden Mond gesetzt, kommen immer wieder an die Oberfläche.

Kartoffeln legen im abnehmenden bzw. unter sich gehenden Mond; sie werden nicht aus der Erde gezogen. Günstig sind die Erdzeichen Steinbock, Stier, Jungfrau; Kartoffeln nicht vor dem Maienstier legen und nie in den Wasserzeichen Krebs und Skorpion.

Kartoffeln nicht in den Zeichen Jungfrau, Wassermann, Fische einkellern; sie faulen leichter.

Keller ausheben im abnehmenden Mond und mauern im unter sich gehenden Mond; der Keller bleibt trocken.

Kerbel in den Wasserzeichen Krebs und Fische säen.

Kinder, im zunehmenden Mond geboren, gedeihen physisch und psychisch besser.

Kleider, neue, nicht in den Zeichen Löwe und Skorpion anziehen.

Kleider waschen im über sich gehenden Mond.

Kleidung kaufen im Zeichen Stier.

Knoblauch pflanzen in den Erdzeichen Steinbock, Stier, Jungfrau; im Zeichen Skorpion ungünstig.

Knollenfrüchte anbauen im Zeichen Waage bei abnehmendem Mond.

Kohl säen kurz vor Vollmond in den Wasserzeichen Krebs, Skorpion, Fische.

Kohlrabi pflanzen im Erdzeichen Stier.

Komposthaufen im zunehmenden Mond ansetzen, zwei Tage vor Vollmond festtreten (fault schneller zusammen, bleibt saftig).

Konservieren bei abnehmendem Mond und Zeichen Stier, Skorpion, Wassermann.

Kopfsalat pflanzen im abnehmenden bzw. unter sich gehenden Mond, sowie im Erdzeichen Stier; Salat bildet früher große Köpfe und schießt nicht aus.

Korrespondenzen erledigen in den Luftzeichen Waage, Wassermann, Zwillinge.

Kosmetik: günstig für Schönheits- und Heilbäder in den Wasserzeichen Krebs und Fische.

Kosmetik: günstig zum Auflegen von Masken in den Zeichen Stier, Waage.

Kraut einhobeln, einbeizen und einmachen bei zunehmendem Mond und in den Zeichen Steinbock, Waage, Schütze.

Kraut nicht im Zeichen Löwe einmachen; es zieht kein Wasser.

Kraut säen kurz vor Vollmond, im Zeichen Krebs.

Kren (Meerrettich) ernten im Zeichen Skorpion.

Kren (Meerrettich) in den Erdzeichen Steinbock und Jungfrau pflanzen.

Kresse säen in den Wasserzeichen Krebs und Fische, sowie im Zeichen Waage (günstig).

Küchenkräuter anpflanzen im Zeichen Steinbock (günstig).
Kühe belegen im abnehmenden Mond (gibt gute weibliche Kälber).
Kühe fressen kein Gras oder Heu, das im Zeichen Löwe gedüngt wurde.
Künstlerische Angelegenheiten beginnen in den Zeichen Stier, Löwe und Waage.
Kürbisse pflanzen bei zunehmendem Mond, am besten drei Tage vor Vollmond; günstig auch im Zeichen Krebs.

— L —

Lauch setzen in den Wasserzeichen Krebs, Skorpion, Fische (günstig), sowie auch im Steinbock.
Laufplatten für Garten und Fußwege im abnehmenden Mond verlegen; sie wachsen ein und bleiben fest.
Linden bei Vollmond versetzen.
Linsen in den Feuerzeichen Widder und Löwe säen.

— M —

Magnetismus: bei Neumond am kleinsten.
Mais nicht im Zeichen Jungfrau setzen (gibt viele Stengel ohne Kolben).
Mais setzen in den Feuerzeichen Widder und Löwe.
Mangold in den Wasserzeichen Krebs und Fische pflanzen.
Marmelade einkochen bei abnehmendem Mond und in den Zeichen Stier, Skorpion, Wassermann.
Maschinen reparieren im Zeichen Wassermann.
Medikamente haben im Zeichen Fische eine erhöhte Wirkung.
Meditation: Beschäftigung damit ist gut in den Zeichen Löwe, Jungfrau, Schütze, Wassermann.
Meerrettich (Kren) in den Erdzeichen Steinbock und Jungfrau pflanzen.
Melonen setzen bei über sich gehendem Mond (Widder), sowie in den Zeichen Löwe, Skorpion, Schütze.
Minze säen in den Wasserzeichen Krebs, Skorpion, Fische.
Misthaufen im freien Feld ansetzen, zwei Tage vor Vollmond festtreten; bleibt feucht und saftig, wenn bei zunehmendem Mond angesetzt.
Mohn säen im Zeichen Skorpion.
Mohrrüben säen in den Erdzeichen Steinbock und Jungfrau.
Monatserdbeeren im Zeichen Fische pflanzen.

Most machen und anstechen bei abnehmendem oder unter sich gehendem Mond; der Most würde sonst im Faß unruhig und der Bodensatz (Trester) würde aufwirbeln.
Musiker: bedeutend sind die Zeichen Waage und Fische.

— N —

Nadelhölzer: günstiges Zeichen ist der Steinbock.
Nägel schneiden (Finger-, Zehennägel) im über sich gehenden Mond: die Nägel wachsen nicht ein.
Nervosität ist bei Vollmond intensiver.
Neubeginn: Vorsicht beim Zeichen Skorpion.
Neues nicht im abnehmenden Mond beginnen.
Neumond: Mindestmaß an Kraftentfaltung.
Neumond: nichts säen, setzen, pflanzen, hacken.
Nüsse pflanzen in den Feuerzeichen Widder (Mond geht über sich) und Schütze.

— O —

Obst abnehmen bei abnehmendem Mond in der zweiten Hälfte; es hält sich lange.
Obst ernten zum baldigen Verzehr im zunehmenden Mond.
Obst nicht einlagern in den Zeichen Jungfrau, Wassermann, Fische (es fault leichter).
Obst (Lagerobst) pflücken im abnehmenden Mond.
Obstbäume verpflanzen bei Vollmond; im Oktober im letzten Viertel, aber nach dem Laubabfall, versetzen.
Obstfrüchte säen (setzen) in den Feuerzeichen (Widder, Löwe, Schütze).
Öffentliche Anlagen: Neupflanzung im Zeichen Zwillinge.
Operationen: Vorsicht bei Vollmond.
Operative Eingriffe bei Haustieren im zunehmenden Mond vornehmen.

— P —

Paprika in den Feuerzeichen Widder und Löwe pflanzen.
Pastinak in den Erdzeichen Steinbock und Jungfrau pflanzen.
Periode (Regel, Menses) ist bei Neumond doppelt so häufig als sonst.
Petersilie säen in den Wasserzeichen Krebs, Skorpion, Fische.

Pflanzen spritzen in den Wasserzeichen Krebs, Skorpion, Fische.
Pflanzen und säen, was Frucht über der Erde tragen soll, z. B. Ährenfrüchte, Blumen, Sträucher, Bäume, im zunehmenden bzw. über sich gehenden Mond.
Pflanzen und säen, was Frucht unter der Erde tragen soll, z. B. Knollen- und Hackfrüchte, im abnehmenden bzw. unter sich gehenden Mond.
Pflanzen von Ziersträuchern, Hecken, Sträuchern, Bäumen ist günstig im Zeichen Jungfrau.
Pflügen im über sich gehenden Mond.
Porree pflanzen im Erdzeichen Stier.

— Q —

Quellen fassen im zunehmenden bzw. über sich gehenden Mond, besonders im Zeichen Wassermann.
Quellwasser suchen im über sich gehenden Mond; es wird jetzt gestochen.

— R —

Radieschen säen im über sich gehenden Mond und in den Zeichen Widder und Fische.
Rapunzel in den Wasserzeichen Krebs und Fische pflanzen.
Rauchen abgewöhnen bei abnehmendem Mond in den Zeichen Zwillinge, Löwe, Jungfrau.
Rauschmittel haben im Zeichen der Fische eine erhöhte Wirkung.
Reben schneiden im zunehmenden Mond; sie treiben dann üppig.
Reisen antreten in den Zeichen Zwillinge und Schütze.
Reisen vermeiden im Zeichen Krebs.
Reparaturen machen in den Zeichen Stier, Jungfrau, Wassermann.
Rettiche ernten im Zeichen Skorpion.
Rettiche säen im abnehmenden Mond, besonders in der zweiten Hälfte; auch in den Zeichen Krebs, Jungfrau, Steinbock.
Rhabarber in den Wasserzeichen Krebs und Fische pflanzen.
Ringelblumen pflücken, ansetzen, zu Salbe verarbeiten in den Luftzeichen Waage, Wassermann, Zwillinge.
Roggen in den Feuerzeichen Widder und Löwe säen.
Rosen pflanzen im über sich gehenden Mond (Widder); auch im Zeichen Löwe (ergibt mehr Farbenpracht).
Rosen sind im Zeichen Schütze sehr begünstigt.
Rüben, rote, säen im abnehmenden Mond, besonders in der zweiten Hälfte; günstig in den Erdzeichen Steinbock, Stier, Jungfrau; günstig auch im Zeichen Waage.

Saatkartoffeln kurz vor Neumond legen.

Saatzeit: am besten im Zeitraum elf Tage vor bis sieben Tage nach Vollmond.

Säen: vorsichtig sein im Zeichen Löwe.

Salate aller Art kurz vor Vollmond säen und in den Wasserzeichen Krebs, Skorpion, Fische.

Salbei in den Wasserzeichen Krebs und Fische pflanzen.

Sandstraßen aufkiesen im abnehmenden Mond: das Kies wächst besser in den Boden ein.

Schlaf: bei Vollmond wegen erhöhter Nervosität sehr unruhig.

Schlingpflanzen im Zeichen Zwillinge säen — sie ranken dann gut.

Schnittlauch schneiden im Zeichen Fische: der nachwachsende wird feiner.

Schuppen können entstehen bei oftmaligem Waschen der Haare im Zeichen Fische.

Schütze: bei diesem Mondstand „schießt" alles auf.

Schwarzwurzeln in den Erdzeichen Steinbock, Stier, Jungfrau säen.

Schwellungen gehen zurück im abnehmenden Mond.

Schwellungen werden schlimmer im zunehmenden Mond.

Sellerie in den Erdzeichen Steinbock, Stier, Jungfrau und bei abnehmendem Mond säen.

Senkgruben bauen im Zeichen Krebs (Mond geht unter sich).

Skorpion: wachstumshemmendes Zeichen — auch für den Garten.

Spanferkel, im Februar bei zunehmendem Mond gefallen, sind die besten zum Aufziehen.

Spargel säen in den Erdzeichen Steinbock, Stier, Jungfrau; auch im Krebs.

Speiserüben in den Erdzeichen Steinbock und Jungfrau säen.

Spinat säen bei über sich gehendem Mond (Zwillinge, Fische; auch Krebs).

Sprossenkohl in den Wasserzeichen Krebs und Fische pflanzen.

Stalldünger im unter sich gehenden Mond auf die Felder und Wiesen streuen: er geht leichter in den Boden; nicht im Zeichen Jungfrau oder Waage düngen (Vieh frißt das Gras/Heu nicht).

Stangenbohnen nicht im Krebs setzen (wenig Ertrag; sie wachsen auch nicht in die Höhe).

Stangenbohnen setzen im über sich gehenden Mond.

Sträucher pflanzen in den Zeichen Stier, Löwe, Waage (bei zunehmendem Mond) und Schütze.

— T —

Tiere schlachten bei Vollmond bzw. über sich gehendem Mond (Fische): es gibt mehr und besseres Fleisch.
Tomaten pflanzen im über sich gehenden Mond (Widder); auch günstig in den Zeichen Krebs, Löwe, Schütze.
Türen versetzen im über sich gehenden Mond und bei Hornzeichen (z. B. Steinbock und Widder): sie klemmen nicht.

— U —

Übersiedeln im zweiten Viertel des zunehmenden Mondes; günstig auch in den Zeichen Stier und Wassermann.
Uferschutz: Grundsteine im zunehmenden Mond einbauen.
Umgang mit Vorgesetzten ist gut im Zeichen Wassermann.
Ungeziefer im Haus: Zimmer bei Neumond waschen.
Unkraut jäten bei über sich gehendem Mond im Zeichen Widder.
Unkraut verbrennen im Zeichen Schütze.
Unkraut vernichten bei Neumond, aber nicht im Zeichen Fische oder Skorpion.
Unkraut vertilgen bei abnehmendem und über sich gehendem Mond.
Unterricht beginnen im Zeichen Jungfrau (Mond geht unter sich).

— V —

Verkehr mit Rechtsanwälten und Justiz günstig in den Zeichen Löwe und Schütze.
Verletzungen: Vorsicht bei Vollmond.
Verlobungen eingehen in den Zeichen Stier, Krebs, Waage, Fische.
Verträge abschließen im zunehmenden Mond und in den Zeichen Stier, Jungfrau, Waage, Steinbock.
Verzehr, sofortiger: säen oder pflanzen im Zeichen Krebs.
Vieh auf die Weide treiben im über sich gehenden Mond (Widder): die Tiere bleiben ruhiger; im Zeichen Waage wird das Blähen der Kühe verhindert.
Vieh: Hornpflege im über sich gehenden Mond (Steinbock): die Hörner schwingen sich aufwärts.
Viehweideeinstellung im Herbst bei Vollmond (das Vieh behält den guten Leib und gibt viel Milch).
Vollmond: Höchstmaß an Kraftentfaltung.
Vorgesetzte: Umgang mit ihnen ist gut im Zeichen Wassermann.

Waage: bestes Zeichen für Garten und Gartenarbeiten; ruhiges und ausgeglichenes Zeichen.

Wachstumshemmendes Zeichen, auch im Garten: Skorpion.

Warzen beseitigen im abnehmenden Mond.

Wäsche waschen im abnehmenden Mond: der Schmutz löst sich leichter.

Wassergräben anlegen bei abnehmendem Mond im Zeichen Krebs (Mond geht unter sich); Wassergräben säubern in denselben Zeiten.

Wassergräben ausstechen im abnehmenden Mond; dann ziehen sie sich aus.

Wassergräben im abnehmenden Mond: Boden im Zeichen Krebs aufhacken; kommendes Hochwasser schwemmt sie aus und vertieft sie.

Wassergräben, verfallene und verstopfte, im unter sich gehenden Mond erweitern.

Wasserleitungen reparieren im zunehmenden Mond.

Wassermann: ungünstigster Mondstand, ausgepflanzte Setzlinge verkümmern, die Samen gehen nicht auf.

Wasserquellen nachgraben im zunehmenden Mond bzw. im über sich gehenden Mond.

Wasserzuleitungen verlegen im über sich gehenden Mond; sie versiegen sonst sehr rasch.

Weiden im zunehmenden Mond schneiden; sie treiben dann üppig.

Wein abziehen im abnehmenden Mond.

Weinreben pflanzen im Zeichen Waage.

Weinreben zurückschneiden im abnehmenden Mond.

Weizen in den Feuerzeichen Widder und Löwe säen.

Werkzeuge reparieren im Zeichen Jungfrau.

Wicke säen im Luftzeichen Zwillinge: sie ranken dann gut.

Winden säen im Luftzeichen Zwillinge: sie ranken dann gut.

Wintergemüse anpflanzen: günstig im Zeichen Steinbock.

Winterrettiche säen im Zeichen Stier.

Wintersaat säen im abnehmenden Mond.

Winterspinat säen: günstig im Zeichen Steinbock.

Wunden heilen besser im abnehmenden Mond.

Wunden wildern und bilden Geschwüre im Zeichen Stier (Mond geht über sich).

Wurmvertreibende Mittel einnehmen im abnehmenden Mond.

Wurzelgemüse säen im Zeichen Jungfrau (Mond geht unter sich).

Wurzelknollen nicht einlagern in den Zeichen Jungfrau, Wassermann, Fische: sie faulen leichter.

Wurzelpetersilie in den Erdzeichen Steinbock und Jungfrau pflanzen.

— X —

Xerophyten (Trockenpflanzen) in den Feuerzeichen Widder, Löwe und Schütze pflanzen, sowie bei über sich gehendem Mond.

— Y —

Ysop (Lippenblütler; Salatwürze, Heilkraut) in den Feuerzeichen Widder, Löwe, Schütze setzen und im Skorpion kultivieren.

— Z —

Zähne ziehen ist im zunehmenden Mond schmerzloser.

Zaunarbeiten machen im Zeichen Stier.

Zaunsäulen setzen im abnehmenden Mond; sie werden fest und wachsen ein.

Zehennägel schneiden im abnehmenden Mond; sie wachsen dann nicht ein; günstig ist auch das Zeichen Skorpion (Wachstum wird gehemmt).

Zierpflanzen mit Erfolg im Zeichen Jungfrau kultivieren.

Zimmer gegen Ungeziefer waschen: am besten im Neumond.

Zimmerwände, feuchte, kalken im abnehmenden Mond (werden trocken).

Zitronenmelisse säen in den Wasserzeichen Krebs, Skorpion, Fische.

Zunehmender Mond: Phase der Kraftentfaltung, der Wachstumszunahme, der Erneuerung.

Zwiebeln, im Wassermann gepflanzt, faulen leicht.

Zwiebeln pflanzen bei abnehmendem Mond in den Erdzeichen Steinbock, Stier, Jungfrau; weniger günstig ist das Zeichen Skorpion. Bei unter sich gehendem Mond gepflanzt, werden die Zwiebeln nicht aus der Erde gezogen.

Zwiebeln setzen zu Beginn des Erdzeichens Steinbock; die Wende vom unter sich gehenden zum über sich gehenden Mond fördert das Wachstum der Zwiebeln, Knollen und Wurzeln. Besonders günstig ist das Setzen der Zwiebeln zu Beginn des Steinbocks im abnehmenden Mond; die Zwiebeln werden groß und hart.

V.
Quellenangaben, Literaturhinweise, Dankadressen

Amann Karl Reinhard, Das Buch der Mondregeln, 2. Ausgabe, 1986
Amann Karl Reinhard, Mondregelkalender 1987
Arzt Volker, Querschnitte: „Der Mond mit neuem Gesicht", 1984
Bergmann-Schaefer, Lehrbuch der Experimentalphysik, 1970, Band 1 (793—794)
Brinckmeier Eduard, Praktisches Handbuch der historischen Chronologie aller Zeiten und Völker, besonders des Mittelalters, 1973 (unveränderter Nachdruck der 2. Auflage von 1882), Seite 1—9, 62—80
Brockhaus, Der Neue, 6. Auflage, 1978 (I, 148) (III, 58ff.)
Das Große Lexikon der Medizin, Deutscher Bücherbund, 1979 (814—816)
Das Moderne Lexikon, Bertelsmann, 1972
Der Große Readers Digest Weltatlas, 1977 (160)
Diem Armin, Dornbirner Dichtung, 1957, Gedicht „Sinnspruch" (99)
Erich Oswald — Beitl Richard, Wörterbuch der Deutschen Volkskunde (569)
Gollenz-Konrad-Breyer, Lehrbuch der Physik, 3. Teil (AHS), 1980 (13f.)
Grabher Gernot, Artikel zum Mondglauben, 1981
Handwörterbuch des Deutschen Aberglaubens, herausgegeben von Hoffmann-Krayer und Bächtold-Stäubli, Band IV, 1934/35 (477—537)
Herrmann Joachim, dtv — Atlas zur Astronomie, 1973
Hinterseer Georg, Erde, Mond und Sterne; Altbayerische Holz- und Wetterregeln, 3. Auflage, 1982
Kalender für Blindenfreunde, 1985 (30ff.)
Kalender für Blindenfreunde, 1986 (30ff.)
Kalender für Blindenfreunde, 1987 (30ff.)
Krause — Fischer, Himmelskunde für Jedermann, 1974
Meyers Enzyklopädisches Lexikon, 1973, 7. Band (602), 16. Band (424)
Mondkalender für das Jahr 1986, Buchhandlung 777, Wien
Mondkalender für das Jahr 1987, Buchhandlung 777, Wien
Pichler Herbert, Die Mondlandung, 1969 (66f.)
Quellenangaben von alteingesessenen Dornbirner Bürgern (1983)
Sagan Carl, Die Planeten, 1970
Sagan Carl, Unser Kosmos, 1982 (59ff.)
Thomas Oswald, Astronomie, 1956 (87f., 91ff., 158f., 160f., 199, 473, 505ff., 524ff., 547ff.)

Tiroler Heimatblätter 1926, Heft 2, 44—45
Tiroler Heimatblätter 1932, Heft 4, 152—153
Vorarlberger Schreibkalender für 1983, 133. Jahrgang
Vorarlberger Schreibkalender für 1987, 137. Jahrgang
Wagner Richard, Kärntner Bauernregeln, 1979
Widmann — Schütte, Welcher Stern ist das?, 1975
Wohlgenannt Alfons sen., Dornbirn, Mündliche Quellenangaben (1983, 1987)
Wohlgenannt Hermann, Der Mond und seine Bedeutung in der Astronomie und im Volksglauben, 1. Aufl. 1985, 2. Aufl. 1988
Zipf Hans, Kalender 1982 (Beiträge: „Die keusche Luna launet grillenhaft" und „Der Mond und seine Zeichen")
Zitate der 3. Auflage, alphabetisch geordnet:
Andersen, Hans Christian, Dänemark, „An Carl Alexander von Sachsen-Weimar", 17. Mai 1856
Ghose, Shrî Aurobindo, Indien, aus „Zyklus der menschlichen Entwicklung", Zyklus und Gesellschaft, Seite 30 (Ursula von Mangoldt), 1949
Goethe, Johann Wolfgang von, Deutschland, aus „Natur und Wissenschaft — Nachlaß", 1829
Jünger, Ernst, Deutschland, aus „An der Zeitmauer: Meßbare und Schicksals-Zeit (12), 1959
Lessing, Gotthold Ephraim, Deutschland, aus „Nathan der Weise", IV,4, Tempelherr, 1779
Shakespeare, William, England, aus „Hamlet", I,5 (1602)

Zu besonderem Dank verpflichtet bin ich Herrn Univ.-Prof. Dr. Karl Ilg, emeritierter Vorstand des Institutes für Volkskunde an der Universität Innsbruck, für die Übersendung von Unterlagen aus dem Institut, sowie Herrn Prof. Mag. Karl Wohlgenannt, Dornbirn, für die Unterstützung bei der Definition wichtiger astronomischer Begriffe zum vorliegenden Bericht.
Mein Dank gilt aber auch dem Verlag J. N. Teutsch, Bregenz, für das Entgegenkommen bei der Erstellung und Drucklegung des Mondberichtes.

Prof. Hermann Wohlgenannt
Dornbirn, 1991

NOTIZEN